黑龙江省专业气象服务技术手册

闫敏慧　主编

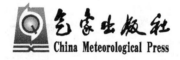

气象出版社
China Meteorological Press

内容简介

　　本书围绕黑龙江省各行业生产生活对气象预报服务的需求,汇集了专业气象预报服务工作积累的相关资料、研究成果和经验体会。全书共分七章,主要介绍了针对黑龙江省公路、铁路、江河航运、电力和农业等行业的专业气象服务相关技术方法,着重分析了影响各行业的主要气象灾害,总结了各行业专项气象服务技术指南。

　　本书可供从事专业气象服务、科研以及气象业务管理人员阅读,也可供交通、电力、水文等相关行业从事防灾减灾工作的人员参考。

图书在版编目(CIP)数据

黑龙江省专业气象服务技术手册 / 闫敏慧主编. --
北京 : 气象出版社,2018.6
　　ISBN 978-7-5029-6794-9

　　Ⅰ.①黑… 　Ⅱ.①闫… 　Ⅲ.①农业气象-气象服务-
黑龙江省-技术手册 　Ⅳ.①S165-62

　　中国版本图书馆 CIP 数据核字(2018)第 150868 号

Heilongjiang Sheng Zhuanye Qixiang Fuwu Jishu Shouce

黑龙江省专业气象服务技术手册

出版发行:气象出版社

地　　址:北京市海淀区中关村南大街 46 号　　　　**邮政编码**:100081

电　　话:010-68407112(总编室)　010-68408042(发行部)

网　　址:http://www.qxcbs.com　　　　**E-mail**:qxcbs@cma.gov.cn

责任编辑:王萃萃　　　　　　　　　　　　**终　　审**:吴晓鹏

责任校对:王丽梅　　　　　　　　　　　　**责任技编**:赵相宁

封面设计:楠竹文化

印　　刷:北京中石油彩色印刷有限责任公司

开　　本:787 mm×1092 mm　1/16　　　　**印　　张**:12.875

字　　数:340 千字

版　　次:2018 年 6 月第 1 版　　　　　　　**印　　次**:2018 年 6 月第 1 次印刷

定　　价:50.00 元

本书编委会

主编：闫敏慧

顾问：于宏敏　曹　彦

编委：王永波　胡晓径　张金锋　王　蕾　高　玲　吴　霞
　　　王冬冬　赵克巍　王建一　王圣坤

序

专业气象服务是气象服务的重要组成部分,不同于公众气象服务的是,它是用来满足特定行业和用户的个性化需求、有专门用途的气象服务。当前,我们已进入新时代,要满足人民美好生活的需求,充分利用气象监测和预测信息创造出更有针对性的产品和服务,已成为许多行业新的经营理念和特点,专业气象服务可以针对不同行业的生产、经营特点为其提供各种各样的气象信息来指导经营行为,使气象资源利用尽可能最大化。

近年来,黑龙江省气象服务中心紧紧围绕防灾减灾的工作重点,以广大用户的气象服务需求为导向,不断加强气象服务管理,开发气象服务产品,改进气象服务方式,逐步建立了比较系统的专业气象服务体系。然而,黑龙江省快速发展的经济社会以及人民多样化的需求对专业气象服务的方式、方法和产品都提出了更高的要求。专业气象服务要向精细化、规范化、标准化方向迈进,使服务产品能够发挥更大的经济和社会效益。

以闫敏慧同志为首的团队依托科研项目为支撑,组织了一批从事专业气象服务多年、具有丰富实践经验的科技人员,在不断研究、总结和凝练的基础上,编制了这本《黑龙江省专业气象服务技术手册》。手册中涵盖了黑龙江省气候特点、主要气象灾害和公路、铁路、航运等行业灾害性天气过程的等级界定及预报预警方法,对于气象服务工作具有一定的参考性和实用性。

专业气象服务涉及多学科、多领域,其水平的提高需要气象部门大数据的支撑,只有通过不断的科技创新与各专业融合提供技术支持,更进一步提高服务的针对性,才能满足服务对象具体的需求。需求是多样的,我们的服务也应是多样的、无限的,要不断提高气象服务产品的专业化加工和信息技术应用的能力,构建更加专业化、精细化、个性化的专业气象服务平台,把气象现代化科技成果直接转化为现实生产力,不断满足社会经济发展和人民美好生活的需求。

杨卫东*

2018 年 5 月

---

* 杨卫东,黑龙江省气象局局长。

目　　录

第1章　黑龙江省气候特点和专业气象服务概况

1.1　黑龙江省气候特点与主要气象灾害

1.1.1　地理环境

1.1.1.1　地理位置

黑龙江省是中国位置最北、纬度最高的省份。介于 43°22′—53°24′N,121°13′—135°05′E 之间。北部和东部以黑龙江和乌苏里江为界与俄罗斯相连,西部与内蒙古自治区毗邻,南部与吉林省接壤。南北相距 1120 km,跨 10 个纬度;东西相距 930 km,跨 14 个经度,三个湿润区。全省土地总面积 47.3 万 km²(含加格达奇和松岭区),仅次于新疆、西藏、内蒙古、青海、四川,居全国第 6 位。由于加格达奇一直属黑龙江省服务中心的服务范围,本书研究区域包含该地区,因此,本书所用的部分地图除黑龙江省以外也包含了加格达奇。

黑龙江省与俄罗斯有着 3045 km 的水陆边界线,位于东北亚地区的中心,是中国东北从陆路沟通东北亚和东欧特别是俄罗斯的窗口和前沿,也是亚洲及太平洋地区陆路通向欧洲大陆的连接带和重要通道。

1.1.1.2　地貌

黑龙江省地貌类型多种多样,形态类型广泛,成因类型也很独特。黑龙江省地势大致是西北部、北部和东南部高,东北部、西南部低;主要由山地、台地、平原和水面构成。西北部为东北—西南走向的大兴安岭山地,北部为西北—东南走向的小兴安岭山地,东南部为东北—西南走向的张广才岭、老爷岭、完达山脉,山地约占全省总面积的 24.7%;海拔高度在 300 m 以上的丘陵地带约占全省的 35.8%;东北部的三江平原、西部的松嫩平原,是中国最大的东北平原的一部分,平原占全省总面积的 37.0%,海拔高度为 50~200 m。

1.1.1.3　地表水文

境内河流纵横、水系较多,主要河流有黑龙江、嫩江、松花江、乌苏里江等,黑龙江和乌苏里江属于中俄界河。省内流域面积在 50 km² 以上的江河有 1918 条,5000 km² 以上的河流有 26 条,1 万 km² 以上的有 18 条。此外,还有兴凯湖、镜泊湖、五大连池等大小湖泊沼泽 6020 个,水面面积达 35 万 km²。

(1)嫩江

嫩江发源于大兴安岭伊勒呼里山的中段南侧,正源称南瓮河(又称南北河)。

嫩江干流流经黑龙江省的嫩江镇、齐齐哈尔市、内蒙古自治区的莫力达瓦旗与吉林省的大赉镇,最后在吉林省扶余县三岔河与第二松花江汇合,嫩江全长 1370 km,流域面积为 29.7 万 km²。流域内包括内蒙古自治区呼伦贝尔市、兴安盟,黑龙江省大兴安岭、黑河、嫩江、绥化等地区和齐齐哈尔市以及吉林省白城地区。

嫩江支流包括:甘河、讷谟尔河、诺敏河、乌裕尔河、雅鲁河、绰尔河、洮儿河、霍林河。

(2)松花江干流

松花江是指嫩江和第二松花江在三岔河汇合后,折向东流至同江镇河口这段河道,亦称松花江干流。全长 939 km。

松花江干流右岸有拉林河、蚂蚁河、牡丹江、倭肯河等主要支流注入。左岸汇入的支流有呼兰河、汤旺河、梧桐河、都鲁河等。

(3)黑龙江

黑龙江有南北二源,北源石勒喀河,出于蒙古境内,南源额尔古纳河,出于大兴安岭西坡,由于水中溶解了大量的腐殖质,水色黝黑,犹如蛟龙奔腾,故此得名黑龙江,满语称萨哈连乌拉,即黑水之意。全长 2900 多千米,黑龙江省境内 831 km。

(4)乌苏里江

乌苏里江是中国黑龙江支流,中国与俄罗斯的界河,上游有东西二源,东源于西赫特勒岭,西源于兴凯湖,全长 905 km,流域面积 18.7 万 km²。江面宽阔,水流缓慢。主要支流有松阿察河、穆棱河、挠力河等。

(5)主要湖泊

黑龙江省主要湖泊有兴凯湖、镜泊湖、五大连池。兴凯湖位于密山市东南部,面积为 4380 km²,是中苏界湖,其中我国湖面面积为 1080 km²;镜泊湖位于宁安市西南 70 km 处,是火山爆发玄武岩流堰塞牡丹江而成,为我国最大的堰塞湖;五大连池位于五大连池市西部,1720 年火山爆发形成五大连池堰塞湖,是我国著名的冷水碳酸矿泉地。

1.1.2 地理位置及地形对黑龙江省天气气候的影响

纬度位置和季风环流对气候影响的结果,使气候要素在空间分布上,具有明显的单向递变特点,气温、降水量等均沿着经向和纬向递增或递减,因而呈现出一定的地带性变化规律。地形因素带来的结果则不同,它干扰、破坏着上述两种因素所形成的规律,在一定程度上隔断了气候要素经向和纬向的空间地带性分布,从而使气候变得更为复杂。

1.1.2.1 对降水的影响

(1)地形的影响:地形因素是黑龙江省气候形成的重要因素之一。它不仅影响热量的空间分布,对降水要素影响更为显著。

黑龙江省地形分为两大部分:一部分可以笼统地称作山地,主要由大兴安岭的北端、小兴安岭和长白山地的北段组成。山地分布基本上连成一片,从西北向东南斜贯全省南北,地形起伏,相对高差较大;另一部分是平原,主要是松嫩平原和三江平原(包括兴凯湖平原),分列于山地的西侧和东侧,地形平缓,相对高差很小。这种地形分布格局,对降水量的空间分布影响明显。由于地形因素的参与,黑龙江省降水量自东向西逐渐减少的规律,在不少地方受到显著干扰。大体呈经向分布的等降水量线,在大的地形单元边缘发生弯曲,形成一些闭合或近于闭合的多雨和少雨中心。

处在夏季风迎风区的小兴安岭南部和长白山北段,地形高低起伏较大,对气流抬升强烈,有利降水,年降水量达 600 mm 以上,形成全省的多雨中心。松嫩平原不仅离海洋较远,而且地势平坦,降水较少,一般只有 400 mm 左右,成为全省的少雨中心。地形因素对大气降水的不同影响,在上述两个地形不同的地区,差异较大。山地在一年中的降水日数,远远超过平原地区。例如,位于小兴安岭多雨中心的五营,全年平均降水日数达 149 d,是全省降水日数最多的地方。而位于松嫩平原少雨中心的泰来,降水日数为五营的 50%,平均一年只有 74 d,是全省降水日数最少的地方。三江平原地势低平,很难形成地形降水。东部俄罗斯境内有东北走向的锡霍特山脉绵延于夏季风的上风地区,使三江平原常处在夏季暖湿气流的风影区。因此,虽然三江平原位于全省的最东部,却未能成为全省降水最多的地区。年降水量大都为 500～600 mm,有的地方甚至不足 500 mm,明显少于其西面的小兴安岭山地。

(2)地理位置的影响:黑龙江省面积大,东西相距达 930 km,东部地区和西部地区距离海洋相差甚大。因此,不同经度的地区,受夏季风影响的强度也有很大差别。离夏季风源地较近的东部地区,受夏季风的影响强度比远离海洋的西部地区大得多,造成了降水量空间分布上的东西差异。位于三江平原的富锦市和位于松嫩平原的齐齐哈尔市,所处纬度大体相当,东西相距约 750 km,富锦市的年降水量比齐齐哈尔市大约多 100 mm。

1.1.2.2　对温度的影响

(1)地形的影响:地形因素是黑龙江省气候形成的重要因素之一。它影响热量的空间分布,随着地势的增高,气温降低。在纬度相同的地带,地势较高的山地,热量条件明显低于地势较低的平原地区。

(2)地理位置的影响:不同纬度位置获得的太阳辐射能的多少存在较大差异,纬度位置对温度的影响主要由获得太阳辐射的多少决定的。

冬季,太阳直射点移向南半球,北半球各地昼短夜长,纬度越高,白昼越短。黑龙江省是全国冬季昼短夜长现象最突出的地区,白天日照时间比南方各省区短很多。这样,冬季太阳辐射总量因太阳高度角不同而形成的与其他省区之间的差异,进一步增大。冬季的辐射能支出大于收入,辐射平衡值为负值。太阳高度角最小,白昼又最短,这就决定了黑龙江冬季气候严寒的特点。

夏季,太阳直射点移向赤道以北,北半球各地昼长夜短,而且,越向北白昼越长。黑龙江省是全国夏季白昼最长的省区。长昼抵消了一部分因太阳高度角对太阳辐射强度的影响,使地表对太阳辐射能的获得,在一定程度上得以补偿。因此,夏季的太阳辐射总量,同南方各省区相差无几,这就使黑龙江各地夏季气温普遍较高。

纬度位置和太阳直射点在南北半球的回归,使黑龙江省各地太阳总辐射,在冬季和夏季之间的差异显得十分突出。受纬度位置制约的太阳高度角和昼夜长短变化,对气候特点的形成起到重要的作用。

黑龙江省一年内热量分配的极不均衡现象,在全国是最突出的,冬季与夏季气温相差之大,超过其他任何省区。哈尔滨 1 月同 7 月平均气温相差 42℃ 以上,几乎为广州的 3 倍,甚至比深居于亚洲大陆中部的乌鲁木齐的年温差还要大,纬度位置无疑是最基本的因素。

纬度位置对气候的影响,形成了气候季节变化特点。纬度影响还表现在空间上,导致省内不同纬度地区的气候差异。黑龙江省跨纬度达 10°以上,南北相距 1120 km。纬度差异所带来的省内气候空间差异,也相当明显。随着纬度的增加,全年日照时数、太阳总辐射量、年平均气温、大于或等于 0℃积温均呈递减的趋势。总的来说,冬季气温随纬度增高而递减的幅度最大,纬度向北每增高 1°,平均气温降低 1.9℃;夏季递减幅度最小,纬度向北每增高 1°,平均气温降低 0.75℃;春季和秋季递减幅度介于冬、夏之间,分别为 1.1℃和 1.2℃。

黑龙江省位于亚欧大陆的东部,东面邻近太平洋(离海洋最近的地方仅 100 km 左右)。受亚洲东部强大季风环流系统的影响较大。

冬季,亚洲大陆是大气的冷源,形成了蒙古高压;太平洋是大气的热源,太平洋北部形成阿留申低压。黑龙江处在蒙古高压和阿留申低压两大气压中心之间,处于大陆反气旋控制,盛行偏西风,使冬季气候严寒,降水稀少。黑龙江 1 月份平均气温,比欧、美同纬度地区都要低,是冬季风加剧气温降低的结果。由于邻近冬季风源地,黑龙江受寒冷冬季风的影响,比远离冬季风源地的其他省区更深刻得多。由纬度因素所造成的冬季南北温差,就进一步得到了强化。

夏季,黑龙江盛行来自海洋的暖湿气流。夏季风对热量状况的影响,同纬度因素的影响是一致的,使黑龙江气温普遍升高,地处最北端的漠河 7 月份平均气温高达 18.4℃。季风环流和纬度因素共同作用的结果使全省普遍高温,不仅缩小了同南方其他省区间的温差,而且使省内不同纬度地区之间的温差也大大缩小。

冬季风和纬度因素都使降温过程加剧,夏季风和纬度因素又都使气温的升高更为突出,导致了黑龙江省的冬夏温差加大,居全国各省区之首。

春、秋两季的气候,具有冬夏之间过渡的特点,大气物理状况极不稳定,天气变化比较剧烈。

1.1.3　年气候概况

黑龙江属中温带到寒温带大陆性季风气候,是全国气温最低的省份。年平均气温在 -5～6℃,年平均降水量 390～660 mm,无霜期 90～170 d。冬季处于极地大陆气团控制,气候严寒、干燥并漫长;夏季受副热带海洋气团的影响,气候温热,降水集中,雨热同季;春、秋两季气候多变,春季风多雨少,易发生干旱,秋季短促,降温急剧,霜冻较早。

年平均气温从东南向西北逐渐递减,具有明显的纬向分布特征。大兴安岭地区、黑河北部、伊春西北部,年平均气温在 0℃以下,是黑龙江气温较低的地区,漠河年平均气温达 -4.3℃,是全省气温最低的地区;齐齐哈尔西南部、大庆南部、绥化南部、哈尔滨大部及三江平原大部、牡丹江等地年平均气温一般在 3.0～5.0℃,是全省气温较高的地区,东南部的东宁年平均气温为 5.5℃,是全省平均气温最高的地区(图 1-1)。1 月气温最低,为全年最冷的月份。1 月平均气温,大兴安岭大部地区低于 -25.0℃,其中漠河最低达 -29.8℃;中部、北部等地一般在 -25.0～-20.0℃;南部、东部和东南部等地一般在 -20.0℃以上,其中东宁最高为 -13.8℃。7 月气温最高,为全年最热的月份。7 月平均气温,大兴安岭北部地区在 20.0℃以下,其中呼中最低为 17.4℃;东南部地区在 23.0℃以上,其中杜尔伯特最高为 23.7℃;其他地区一般为 20.0～23.0℃。

黑龙江省年降水量分布的差异较大,区域性显著。一般东部多、西部少,中部山区最多,多水中心在小兴安岭南部和张广才岭山地,年降水量 600 mm 以上,其中尚志降水量最多,超过 650 mm;东部三江平原和东南部半山区一般为 500～550 mm;西南部地区和大兴安岭北部地区一般为 400～500 mm,其中泰来年降水量最少,不足 400 mm(图 1-2)。夏季海洋性季风带来大量暖湿空气,降水集中,雨量充沛,6—8 月总降水量全省各地一般在 300～400 mm,占全年降水量的 50%～70%。

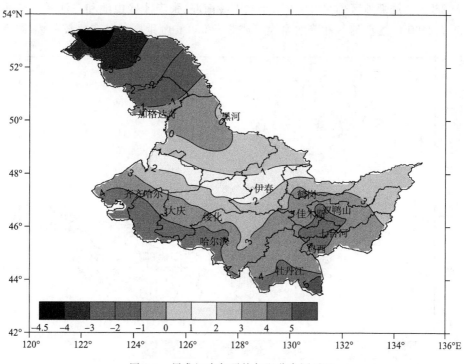

图 1-1　黑龙江省年平均气温分布图(℃)

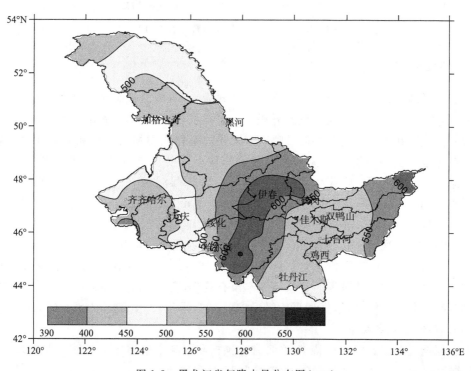

图 1-2　黑龙江省年降水量分布图(mm)

黑龙江各地年日照时数一般在 2200~2800 h,西部松嫩平原大部在 2600 h 以上,齐齐哈尔市区、泰来等地超过 2800 h,是全省日照最多的地区;东部的三江平原和大兴安岭北部一般在 2400~2600 h,局部地区不足 2400 h;小兴安岭南部、张广才岭山地和三江平原东部等地日照时数低于 2400 h,这些地区和降水量大于或等于 550 mm 地区的分布比较一致(图 1-3)。

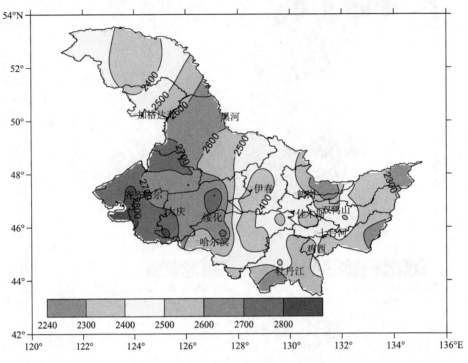

图 1-3   黑龙江省年日照时数分布图(h)

1.1.4   四季气候特点

黑龙江省气候寒冷,冬季漫长。按每 3 个月划为一季,跟全国各地四季长短的始末一致,但同处一季各地温度状况、物候现象差异很大。若按我国气候学家提出的用 5 d 的日平均温度(候温)为标准,并兼顾各地某些能反映季节来临的植物或动物的生长和活动规律来划分四季,能够较好地反映各地温度状况和物候现象的特点。按张宝堃提出的当候温大于或等于 10℃、小于 22℃时为春季;候温大于或等于 22℃为夏季;候温小于 22℃,大于或等于 10℃为秋季;候温小于 10℃,为冬季。按此划分黑龙江北部一些市县在许多年份春、秋相连,没有夏季。

吴树森根据漠河 48 a(1957—2004 年)资料统计结果得出:若以大于 22℃为夏季,漠河 48 a 中只出现 12 次,平均 4 a 出现 1 a 夏季,36 a 没有夏季。而这 12 a 的夏季天数也都没有超过 10 d,因此,漠河没有严格意义上夏季。若以 10~21.9℃为春秋,漠河春季开始日期在 6 月 19 日,此时早已过了播种期。因漠河基本没有夏季,春、秋相连,春、秋之间又无分季标准,故无法将春、秋分开。因此,根据候平均气温小于 10℃为冬、大于 22℃为夏季的分季标准来划分,漠河只有春(秋)、冬两季。

因此,根据黑龙江省的气候特点,在日常的预报和服务中采用的季节划分方法为春季 3—5 月,夏季为 6—8 月,秋季为 9—10 月,冬季为 11 月到次年 2 月。

1.1.4.1 春季

春季(3—5月)是冬夏季风交替的过渡季节,天气多变,气温变化大,降水少,多大风,空气干燥。各地季平均气温一般在-1.0~6.0℃,北部大、小兴安岭及黑河等地在-1.0~4.0℃;南部地区在4.0~6.0℃。各地季降水量一般在50~100 mm,占全年降水量的12%~17%,具有经向分布特征,表现为东多西少,西南部地区一般不足60 mm,是黑龙江春季降水最少的地区;东部三江平原、北部小兴安岭及其南部等地在80 mm以上;其他地区在60~80 mm。春季多大风,大风日数各地一般在4~16 d,占全年大风日数的50%~70%,大、小兴安岭,三江平原东部等地在4~8 d;松嫩平原大部在12~16 d;其他地区在8~12 d。各地相对湿度一般在50%~70%,松嫩平原西南部不足50%;三江平原东部、哈尔滨地区北部在60%以上;其他地区在50%~60%(图1-4)。

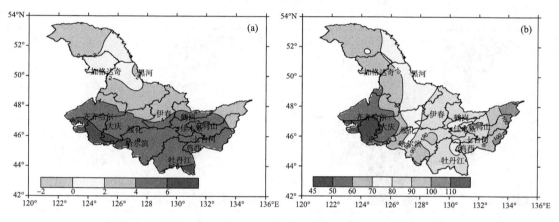

图1-4 黑龙江省春季(a)气温分布图(℃)和(b)降水分布图(mm)

1.1.4.2 夏季

夏季(6—8月)黑龙江盛行东南季风,气候温热、雨量充沛。各地季平均气温一般在16~22℃,大兴安岭北部在16~18℃;小兴安岭、黑河等地在18~20℃;南部、东部地区在20~22℃。各地季降水量一般在250~400 mm,占全年降水量的6~7成,大兴安岭北部、松嫩平原西南部地区不足300 mm;北部大部和东部地区在300~350 mm;中部地区在350~400 mm。

各地降水(日降水量≥0.1 mm)日数一般在40~50 d,西南部地区不足40 d,其他地区在40~50 d。各地暴雨(日降水量≥50 mm)日数一般在0.2~0.8 d,北部地区在0.2~0.5 d;南部地区在0.5~0.8 d(图1-5)。

1.1.4.3 秋季

秋季(9—10月)是从夏到冬的过渡季节,夏季风衰退,气温迅速下降,降水量减少。各地季平均气温一般在3.0~11.0℃,北部地区在3.0~7.0℃;南部地区在7.0~11.0℃。各地季降水量一般在60.0~120.0 mm,呈东多西少的分布形势,西部在60~100 mm,中部在80~120 mm;东部在100~120 mm(图1-6)。

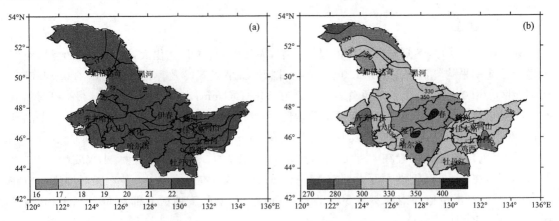

图 1-5　黑龙江省夏季(a)气温分布图(℃)和(b)降水分布图(mm)

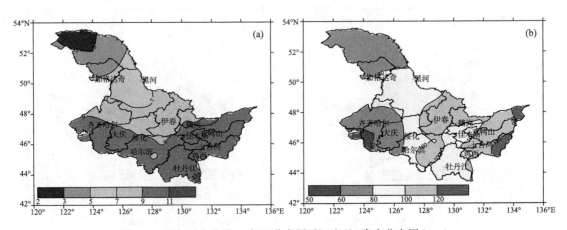

图 1-6　黑龙江省秋季(a)气温分布图(℃)和(b)降水分布图(mm)

1.1.4.4　冬季

冬季(11月至次年2月)受干冷的极地大陆气团控制,气温低,降水少,气候寒冷、干燥。各地季平均气温一般在−12.0~−24.0℃,北部地区在−18.0~−24.0℃;南部地区在−12.0~−18.0℃。各地季降水量一般在12.0~42.0 mm,占全年降水量的3‰~6‰,一般为西部少、东部多,西部地区在6~18 mm;东部和中部地区在30~42 mm;其他地区在18~30 mm。各地积雪日数一般在70~200 d,大兴安岭北部、黑河等地在110~120 d,西南部的松嫩平原在70~90 d;其他地区在90~111 d(图1-7)。

1.1.5　气象要素特点

1.1.5.1　温度

黑龙江靠近素有寒极之称的西伯利亚,温度比我国其他各省都低,年平均气温在−5.0~6.0℃,从东南向西北逐渐递减,具有一定的纬向分布特征。省内各地气温的年变化基本呈单峰型分布,1月气温最低,为全年最冷的月份;7月气温最高,为全年最热的月份。1月平均气温全省各地一般在−30.0~−13.0℃,其中漠河最低达−29.8℃,东宁最高为−13.8℃。7月平均气温全省各地一般在18.0~24.0℃,其中呼中最低为17.4℃;杜尔伯特最高为23.7℃

（图 1-8）。

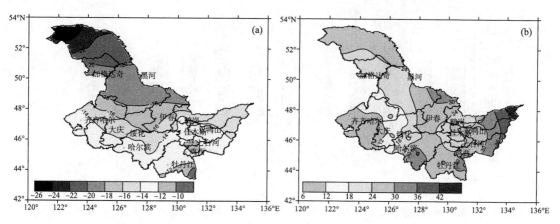

图 1-7　黑龙江省冬季（a）气温分布图（℃）和（b）降水分布图（mm）

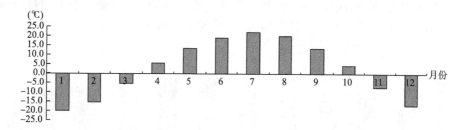

图 1-8　黑龙江省 1971—2000 年平均气温月分布

1.1.5.2　降水

黑龙江省年降水量分布的差异较大,区域性显著。各地年平均降水量一般在 390～660 mm。由于受季风影响,全省降水季节差异大,具有明显的干季和湿季。冬季受大陆性季风控制,寒冷而漫长,但降水很少,11 月至次年 2 月总降水量全省各地一般在 10～40 mm,仅占全年降水量的3%～5%。夏季海洋性季风带来大量暖湿空气,降水集中,雨量充沛,6—8 月总降水量全省各地一般在 250～400 mm,占全年降水量 50%～70%（图 1-9）。

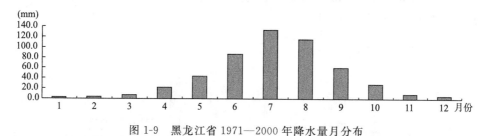

图 1-9　黑龙江省 1971—2000 年降水量月分布

1.1.5.3　日照

黑龙江各地年日照时数一般在 2200～2800 h。日照时数年变化基本呈单峰形分布,一般最小月为 1 月,最多月为 5 月。全省各地年平均日照百分率一般在 54%～62%,松嫩平原在58%以上,齐齐哈尔和大庆南部在 62%以上;小兴安岭南部和张广才岭山地、三江平原东部、大兴安岭北部低于 54%；其他地区一般在 54%~58%（图 1-10）。

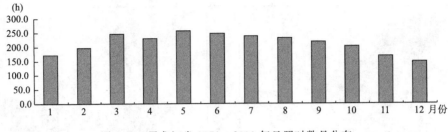

图 1-10　黑龙江省 1971—2000 年日照时数月分布

1.1.5.4　湿度

黑龙江各地年平均相对湿度一般在 60%~70%。空间分布基本呈经向分布，东部大西部小，中部山地最大，在 70% 以上；西南部地区最小，一般不足 65%；其他地区在 65%~70%。年内变化夏季最大，一般在 70%~80%，其中 8 月全省平均 79%，是全年最大的月份；春季最小，一般在 40%~60%，其中 4 月全省平均为 53%，是全年最小的月份（图 1-11）。

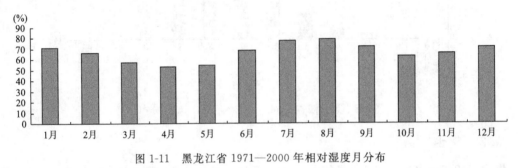

图 1-11　黑龙江省 1971—2000 年相对湿度月分布

1.1.5.5　平均水汽压

黑龙江各地年平均水汽压一般在 6~8 hPa，其空间分布基本呈纬向分布，由南向北逐渐降低。南部松嫩平原、东部三江平原、东南山地等在 8 hPa 左右；西南部平原、中北部山区在 7 hPa 左右；北部大兴安岭在 6 hPa 左右。年变化基本呈单峰型，7 月最大，全省平均 19.93 hPa；1 月最小，全省平均 0.98 hPa（图 1-12）。

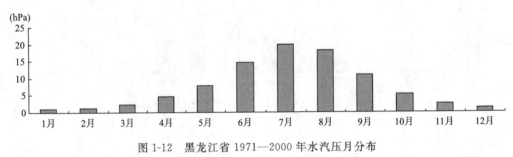

图 1-12　黑龙江省 1971—2000 年水汽压月分布

1.1.5.6　风

黑龙江各地年平均风速一般在 2.0~4.0 m/s，松嫩平原和三江平原是平均风速较大的地区,在 3.0～4.0 m/s;东南部山地和北部小兴安岭山区年平均风速较小,在 2.0～3.0 m/s;大兴安岭北部地区在 2.5 m/s 以下,西部地区最小在 2.0 m/s 以下。

平均风速年变化呈较为显著的双峰型分布,从 1 月开始,风速呈上升趋势,到 4 月、5 月达到最大,为第一个峰值;其后呈下降趋势,到 8 月左右达到极小值后,开始逐渐上升,至 10 月、11 月出现极大值,为第二个峰值。冬季各地平均风速一般在 1～5 m/s;春季一般在 2.5～5 m/s;夏季一般在 1.5～3.5 m/s;秋季一般在 2～4 m/s(图 1-13)。

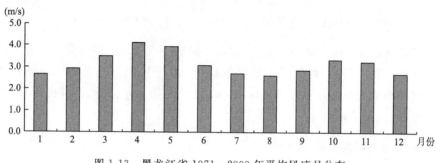

图 1-13　黑龙江省 1971—2000 年平均风速月分布

1.1.5.7　云量

黑龙江各地年平均总云量较为均匀,一般在 4.0～5.5 成,其中仅大兴安岭地区北部、大庆南部、牡丹江中部等地云量在 5 成以上,其他大部地区均在 4～5 成。全省各地年平均低云量分布与总云量分布基本相似,一般在 2 成左右,其中大庆南部超过 2.5 成;松嫩平原、小兴安岭、三江平原、东南部山地等地的局部地区不足 1.5 成;其他地区均在 2 成左右。

云量的年变化与降水类似,呈单峰型,夏季最多、冬季最少。但总云量和低云量又有所不同。低云量的峰值更为突出,峰度更高(图 1-14)。

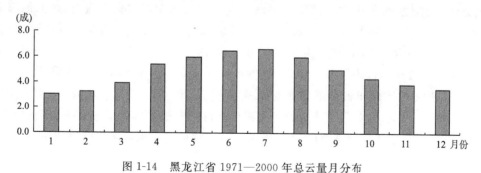

图 1-14　黑龙江省 1971—2000 年总云量月分布

1.1.5.8　地温和冻土

(1)地温:黑龙江各地年平均地面温度一般在 -2～6℃,其空间分布具有一定的纬向特征,由南向北逐渐降低。松嫩平原、东南部山区、三江平原在 4℃ 以上,西南部和东南部的部分地区在 6℃ 以上;大兴安岭北部地区在 0℃ 以下,其北端低于 -2℃。地面温度的年变化与气温相似,呈单峰型变化,7 月最高,各地一般在 21～28℃;1 月最低,各地一般在 -17～-32℃(图 1-15)。

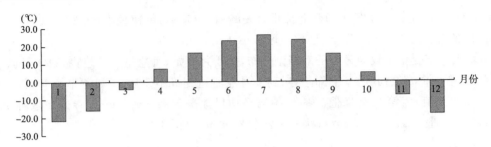

图 1-15　黑龙江省 1971—2000 年平均地面温度月分布

(2)冻土:黑龙江冻土多为季节性冻土,仅在大兴安岭北端高寒地区分布永冻土,但面积较小。各地冻结期一般为 5～7 个月,北部地区较长,可达 7 个月;东南部地区较短,一般在 5 个月左右。全省各地最大冻土深度在 2.0～3.0 m,南部的松嫩平原、东南部山区和东部的三江平原在 2 m 左右,大兴安岭北部可达 3 m 以上。

1.1.6　黑龙江省主要气象灾害

黑龙江省地域辽阔,地形复杂,山地、丘陵、平原并存,江河纵横交错,气象灾害种类繁多,灾情较重。气象灾害占自然灾害的 90%,高出全国平均状况的 20%。全省气象灾害造成的直接经济损失占 GDP 的 2%～4%,因水、旱灾造成的粮食减产约占同期粮食总产量的 12%,其他气象灾害造成的粮食减产约占 5%。特别是 20 世纪 90 年代以来,在全球变暖为主要特征的气候变化背景下,极端气象灾害频繁发生,局地暴雨、冰雹、大风、干旱等气象灾害发生频率及危害程度呈逐年增加的趋势。如 2005 年 6 月 10 日,宁安市沙兰镇局地暴雨造成重大人员伤亡事件,为历史罕见。2007 年夏季全省严重干旱,13 个地市、64 个县(市)均不同程度受灾,受旱面积达 700 多万平方千米。

黑龙江气象灾害多集中在西部松嫩平原地区。灾害偶发区多集中在中、东部的萝北、宝清、哈尔滨、五常、汤原、孙吴、抚远等市(县)。1950—2000 年,黑龙江省旱灾受(成)灾面积占 35.9%,洪、涝面积占 32.3%,风灾占 6.5%,冷害、霜冻占 5.3%,雹灾占 5.1%。另外,病虫害(与气象有关)占 12.0%,其他占 2.9%。据省民政厅资料,1978—2000 年,全省水、旱、风、雹和低温、霜冻成灾合计面积占自然灾害总成灾面积的 78%～97%,平均为 90.5%。1996—2000 年的 5 a 中,全省因水、旱灾造成的粮食减产量占同期粮食总产量约 12%,其他气象灾害造成粮食减产 5%。雪灾主要影响交通及人民生活。森林火灾则对林业资源和生态环境等造成危害。

1.1.6.1　气象灾害的主要特点

(1)频发性。几乎年年有灾,其中水、旱灾害频次最多。

(2)地域性。春季出现西旱东涝,夏季江河沿岸多洪灾,低洼地多涝灾,中部地区多冰雹。

(3)季节性。春季易旱,夏秋易涝。

(4)连续性。有些灾害可连续几季或几年出现,1957 年、1969 年、1981 年几乎整个生长季各月都出现低温。1956—1957 年、1964—1965 年、1971—1972 年都有低温冷害加内涝。

(5)阶段性。受气候准周期变化影响,气象灾害有明显的阶段性。1954—1965 年以低温内涝为主;1966—1976 年以低温干旱为主;1977—1989 年以高温干旱为主;1990—1994 年以高温多水为主等。

1.1.6.2 影响黑龙江省的主要气象灾害及气象灾害预警信号

（1）暴雨

暴雨是指降雨强度和量均很大的雨。24 h 降水量为 50 mm 或以上的雨称为暴雨。按降水强度大小分为三个等级，24 h 降水量 50～99.9 mm 的称为暴雨，100～249.9 mm 的称为大暴雨，250 mm 及以上的称为特大暴雨。黑龙江省暴雨日主要集中在 7—8 月，占总暴雨日的 78.1%。黑龙江省区域性暴雨比较少，以局地性暴雨为主。

暴雨预警信号分四级，分别以蓝色、黄色、橙色、红色表示。

1）暴雨蓝色预警信号

图标：

标准：12 h 内降雨量将达 50 mm 以上，或者已达 50 mm 以上且降雨可能持续。

防御指南：

①政府及相关部门按照职责做好防暴雨准备工作；

②学校、幼儿园采取适当措施，保证学生和幼儿安全；

③驾驶人员应当注意道路积水和交通阻塞，确保安全；

④检查城市、农田、鱼塘排水系统，做好排涝准备。

2）暴雨黄色预警信号

图标：

标准：6 h 内降雨量将达 50 mm 以上，或者已达 50 mm 以上且降雨可能持续。

防御指南：

①政府及相关部门按照职责做好防暴雨工作；

②交通管理部门应当根据路况在强降雨路段采取交通管制措施，在积水路段实行交通引导；

③切断低洼地带有危险的室外电源，暂停在空旷地方的户外作业，转移危险地带人员和危房居民到安全场所避雨；

④检查城市、农田、鱼塘排水系统，采取必要的排涝措施。

3）暴雨橙色预警信号

图标：

标准：3 h 内降雨量将达 50 mm 以上，或者已达 50 mm 以上且降雨可能持续。

防御指南：

①政府及相关部门按照职责做好防暴雨应急工作;

②切断有危险的室外电源,暂停户外作业;

③处于危险地带的单位应当停课、停业,采取专门措施保护已到校学生、幼儿和其他上班人员的安全;

④做好城市、农田的排涝,注意防范可能引发的山洪、滑坡、泥石流等灾害。

4)暴雨红色预警信号

图标:

标准:3 h内降雨量将达100 mm以上,或者已达100 mm以上且降雨可能持续。

防御指南:

①政府及相关部门按照职责做好防暴雨应急和抢险工作;

②停止集会、停课、停业(除特殊行业外);

③做好山洪、滑坡、泥石流等灾害的防御和抢险工作。

(2)暴雪

黑龙江省的冬季比较漫长,从每年11月份开始,一直持续到次年的3月,在这期间降水绝大部分是雪。暴雪是黑龙江省经常发生的灾害性天气,尤其以秋末冬初和冬末春初的暴雪危害最大。

暴雪预警信号分四级,分别以蓝色、黄色、橙色、红色表示。

1)暴雪蓝色预警信号

图标:

标准:12 h内降雪量将达4 mm以上,或者已达4 mm以上且降雪持续,可能对交通或者农牧业有影响。

防御指南:

①政府及有关部门按照职责做好防雪灾和防冻害准备工作;

②交通、铁路、电力、通信等部门应当进行道路、铁路、线路巡查维护,做好道路清扫和积雪融化工作;

③行人注意防寒防滑,驾驶人员小心驾驶,车辆应当采取防滑措施;

④农牧区和种养殖业要储备饲料,做好防雪灾和防冻害准备;

⑤加固棚架等易被雪压的临时搭建物。

2)暴雪黄色预警信号

图标:

标准:12 h 内降雪量将达 6 mm 以上,或者已达 6 mm 以上且降雪持续,可能对交通或者农牧业有影响。

防御指南:

①政府及相关部门按照职责落实防雪灾和防冻害措施;

②交通、铁路、电力、通信等部门应当加强道路、铁路、线路巡查维护,做好道路清扫和积雪融化工作;

③行人注意防寒防滑,驾驶人员小心驾驶,车辆应当采取防滑措施;

④农牧区和种养殖业要备足饲料,做好防雪灾和防冻害准备;

⑤加固棚架等易被雪压的临时搭建物。

3)暴雪橙色预警信号

图标:

标准:6 h 内降雪量将达 10 mm 以上,或者已达 10 mm 以上且降雪持续,可能或者已经对交通或者农牧业有较大影响。

防御指南:

①政府及相关部门按照职责做好防雪灾和防冻害的应急工作;

②交通、铁路、电力、通信等部门应当加强道路、铁路、线路巡查维护,做好道路清扫和积雪融化工作;

③减少不必要的户外活动;

④加固棚架等易被雪压的临时搭建物,将户外牲畜赶入棚圈喂养。

4)暴雪红色预警信号

图标:

标准:6 h 内降雪量将达 15 mm 以上,或者已达 15 mm 以上且降雪持续,可能或者已经对交通或者农牧业有较大影响。

防御指南:

①政府及相关部门按照职责做好防雪灾和防冻害的应急和抢险工作;

②必要时停课、停业(除特殊行业外);

③必要时飞机暂停起降,火车暂停运行,高速公路暂时封闭;

④做好牧区等救灾救济工作。

(3)寒潮

寒潮天气过程是一种大规模的强冷空气活动过程,在剧烈降温的同时伴有大风,雨、雪、霜冻等灾害性天气。黑龙江省寒潮气象灾害发生比较频繁,春、秋季的寒潮能使牲畜遭受冻害;早春及晚秋的寒潮易使农作物受冻害,寒潮往往给人们的生产和生活带来许多不便。

寒潮预警信号分四级,分别以蓝色、黄色、橙色、红色表示。

1)寒潮蓝色预警信号

图标：

标准：48 h 内最低气温将要下降 8℃以上，最低气温小于或等于 4℃，陆地平均风力可达 5 级以上；或者已经下降 8℃以上，最低气温小于或等于 4℃，平均风力达 5 级以上，并可能持续。

防御指南：

①政府及有关部门按照职责做好防寒潮准备工作；

②注意添衣保暖；

③对热带作物、水产品采取一定的防护措施；

④做好防风准备工作。

2)寒潮黄色预警信号

图标：

标准：24 h 内最低气温将要下降 10℃以上，最低气温小于或等于 4℃，陆地平均风力可达 6 级以上；或者已经下降 10℃以上，最低气温小于或等于 4℃，平均风力达 6 级以上，并可能持续。

防御指南：

①政府及有关部门按照职责做好防寒潮工作；

②注意添衣保暖，照顾好老、弱、病人；

③对牲畜、家禽和热带、亚热带水果及有关水产品、农作物等采取防寒措施；

④做好防风工作。

3)寒潮橙色预警信号

图标：

标准：24 h 内最低气温将要下降 12℃以上，最低气温小于或等于 0℃，陆地平均风力可达 6 级以上；或者已经下降 12℃以上，最低气温小于或等于 0℃，平均风力达 6 级以上，并可能持续。

防御指南：

①政府及有关部门按照职责做好防寒潮应急工作；

②注意防寒保暖；

③农业、水产业、畜牧业等要积极采取防霜冻、冰冻等防寒措施，尽量减少损失；

④做好防风工作。

4)寒潮红色预警信号

图标：

标准：24 h 内最低气温将要下降 16℃以上，最低气温小于或等于 0℃，陆地平均风力可达 6 级以上；或者已经下降 16℃以上，最低气温小于或等于 0℃，平均风力达 6 级以上，并可能持续。

防御指南：

①政府及相关部门按照职责做好防寒潮的应急和抢险工作；

②注意防寒保暖；

③农业、水产业、畜牧业等要积极采取防霜冻、冰冻等防寒措施，尽量减少损失；

④做好防风工作。

(4)大风

大风是指近地层风力达蒲福风级 8 级(平均风速 17.2～20.7 m/s)或以上的风。在中国天气预报业务中则规定，蒲福风级 6 级(平均风速为 10.8～13.8 m/s)或以上的风为大风。黑龙江省地域广阔，地形复杂，大风出现的总体规律是南部多于北部、平原多于山区。大风的危害主要表现在给环境造成损伤和破坏，如吹倒电线杆，使其折断、毁屋拔树等，大风天气还极易引发火灾，在已经出现火点的情况下，大风极易扩大火灾面积，形成严重的火灾。

大风(除台风外)预警信号分四级，分别以蓝色、黄色、橙色、红色表示。

1)大风蓝色预警信号

图标：

标准：24 h 内可能受大风影响，平均风力可达 6 级以上，或者阵风 7 级以上；或者已经受大风影响，平均风力为 6～7 级，或者阵风 7～8 级并可能持续。

防御指南：

①政府及相关部门按照职责做好防大风工作；

②关好门窗，加固围板、棚架、广告牌等易被风吹动的搭建物，妥善安置易受大风影响的室外物品，遮盖建筑物资；

③相关水域水上作业和过往船舶采取积极的应对措施，如回港避风或者绕道航行等；

④行人注意尽量少骑自行车，刮风时不要在广告牌、临时搭建物等下面逗留；

⑤有关部门和单位注意森林、草原等防火。

2)大风黄色预警信号

图标：

标准:12 h内可能受大风影响,平均风力可达8级以上,或者阵风9级以上;或者已经受大风影响,平均风力为8~9级,或者阵风9~10级并可能持续。

防御指南:

①政府及相关部门按照职责做好防大风工作;

②停止露天活动和高空等户外危险作业,危险地带人员和危房居民尽量转到避风场所避风;

③相关水域水上作业和过往船舶采取积极的应对措施,加固港口设施,防止船舶走锚、搁浅和碰撞;

④切断户外危险电源,妥善安置易受大风影响的室外物品,遮盖建筑物资;

⑤机场、高速公路等单位应当采取保障交通安全的措施,有关部门和单位注意森林、草原等防火。

3)大风橙色预警信号

图标:

标准:6 h内可能受大风影响,平均风力可达10级以上,或者阵风11级以上;或者已经受大风影响,平均风力为10~11级,或者阵风11~12级并可能持续。

防御指南:

①政府及相关部门按照职责做好防大风应急工作;

②房屋抗风能力较弱的中小学校和单位应当停课、停业,人员减少外出;

③相关水域水上作业和过往船舶应当回港避风,加固港口设施,防止船舶走锚、搁浅和碰撞;

④切断危险电源,妥善安置易受大风影响的室外物品,遮盖建筑物资;

⑤机场、铁路、高速公路、水上交通等单位应当采取保障交通安全的措施,有关部门和单位注意森林、草原等防火。

4)大风红色预警信号

图标:

标准:6 h内可能受大风影响,平均风力可达12级以上,或者阵风13级以上;或者已经受大风影响,平均风力为12级以上,或者阵风13级以上并可能持续。

防御指南:

①政府及相关部门按照职责做好防大风应急和抢险工作;

②人员应当尽可能停留在防风安全的地方,不要随意外出;

③回港避风的船舶要视情况采取积极措施,妥善安排人员留守或者转移到安全地带;

④切断危险电源,妥善安置易受大风影响的室外物品,遮盖建筑物资;

⑤机场、铁路、高速公路、水上交通等单位应当采取保障交通安全的措施,有关部门和单位注意森林、草原等防火。

（5）沙尘暴

沙尘暴是指强风将地面尘沙吹起使空气很混浊，水平能见度小于 1 km 的天气现象。沙尘暴是风蚀荒漠化中的一种天气现象，它的形成受自然因素和人类活动因素的共同影响。黑龙江省沙尘暴分布以黑龙江省西南部为中心，向东、向北逐渐减少。沙尘暴可造成交通受阻、人畜伤亡等，对自然环境破坏力较大，对国民经济建设和人民生命财产安全造成严重的损失。

沙尘暴预警信号分三级，分别以黄色、橙色、红色表示。

1）沙尘暴黄色预警信号

图标：

标准：12 h 内可能出现沙尘暴天气（能见度小于 1000 m），或者已经出现沙尘暴天气并可能持续。

防御指南：

①政府及相关部门按照职责做好防沙尘暴工作；

②关好门窗，加固围板、棚架、广告牌等易被风吹动的搭建物，妥善安置易受大风影响的室外物品，遮盖建筑物资，做好精密仪器的密封工作；

③注意携带口罩、纱巾等防尘用品，以免沙尘对眼睛和呼吸道造成损伤；

④呼吸道疾病患者、对风沙较敏感人员不要到室外活动。

2）沙尘暴橙色预警信号

图标：

标准：6 h 内可能出现强沙尘暴天气（能见度小于 500 m），或者已经出现强沙尘暴天气并可能持续。

防御指南：

①政府及相关部门按照职责做好防沙尘暴应急工作；

②停止露天活动和高空、水上等户外危险作业；

③机场、铁路、高速公路等单位做好交通安全的防护措施，驾驶人员注意沙尘暴变化，小心驾驶；

④行人注意尽量少骑自行车，户外人员应当戴好口罩、纱巾等防尘用品，注意交通安全。

3）沙尘暴红色预警信号

图标：

标准：6 h 内可能出现特强沙尘暴天气（能见度小于 50 m），或者已经出现特强沙尘暴天气并可能持续。

防御指南：

①政府及相关部门按照职责做好防沙尘暴应急抢险工作；

②人员应当留在防风、防尘的地方，不要在户外活动；

③学校、幼儿园推迟上学或者放学，直至特强沙尘暴结束；

④飞机暂停起降，火车暂停运行，高速公路暂时封闭。

（6）高温

高温，词义为较高的温度。在不同的情况下所指的具体数值不同，例如在某些技术上指几千摄氏度以上；日最高气温达到35℃以上，就是高温天气。高温天气为黑龙江省夏季主要的灾害性天气之一，2010年6月，黑龙江全省各地不断出现高温天气，给人体健康、交通、用水、用电等方面带来严重影响。

高温预警信号分三级，分别以黄色、橙色、红色表示。

1）高温黄色预警信号

图标：

标准：连续3 d日最高气温将在35℃以上。

防御指南：

①有关部门和单位按照职责做好防暑降温准备工作；

②午后尽量减少户外活动；

③对老、弱、病、幼人群提供防暑降温指导；

④高温条件下作业和白天需要长时间进行户外露天作业的人员应当采取必要的防护措施。

2）高温橙色预警信号

图标：

标准：24 h内最高气温将升至37℃以上。

防御指南：

①有关部门和单位按照职责落实防暑降温保障措施；

②尽量避免在高温时段进行户外活动，高温条件下作业的人员应当缩短连续工作时间；

③对老、弱、病、幼人群提供防暑降温指导，并采取必要的防护措施；

④有关部门和单位应当注意防范因用电量过高，以及电线、变压器等电力负载过大而引发的火灾。

3）高温红色预警信号

图标：

标准:24 h 内最高气温将升至 40℃以上。

防御指南:

①有关部门和单位按照职责采取防暑降温应急措施;

②停止户外露天作业(除特殊行业外);

③对老、弱、病、幼人群采取保护措施;

④有关部门和单位要特别注意防火。

(7)雷电

雷电是伴有闪电和雷鸣的一种放电现象,是大气中的超长距离的强放电过程,放电过程中能产生强烈的电磁辐射和声波现象,通常伴随着强对流天气过程发生。长期以来,雷电灾害会造成人员伤亡、击毁建筑物、供配电系统、通信设备、引起森林火灾等,给人类带来了严重的伤亡事故和经济损失。

雷电预警信号分三级,分别以黄色、橙色、红色表示。

1)雷电黄色预警信号

图标:

标准:6 h 内可能发生雷电活动,可能会造成雷电灾害事故。

防御指南:

①政府及相关部门按照职责做好防雷工作;

②密切关注天气,尽量避免户外活动。

2)雷电橙色预警信号

图标: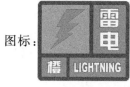

标准:2 h 内发生雷电活动的可能性很大,或者已经受雷电活动影响,且可能持续,出现雷电灾害事故的可能性比较大。

防御指南:

①政府及相关部门按照职责落实防雷应急措施;

②人员应当留在室内,并关好门窗;

③户外人员应当躲入有防雷设施的建筑物或者汽车内;

④切断危险电源,不要在树下、电杆下、塔吊下避雨;

⑤在空旷场地不要打伞,不要把农具、羽毛球拍、高尔夫球杆等扛在肩上。

3)雷电红色预警信号

图标:

标准:2 h内发生雷电活动的可能性非常大,或者已经有强烈的雷电活动发生,且可能持续,出现雷电灾害事故的可能性非常大。

防御指南:

①政府及相关部门按照职责做好防雷应急抢险工作;

②人员应当尽量躲入有防雷设施的建筑物或者汽车内,并关好门窗;

③切勿接触天线、水管、铁丝网、金属门窗、建筑物外墙,远离电线等带电设备和其他类似金属装置;

④尽量不要使用无防雷装置或者防雷装置不完备的电视、电话等电器;

⑤密切注意雷电预警信息的发布。

(8)冰雹

冰雹是指坚硬的球状、锥形或不规则的固态降水。冰雹灾害是由强对流天气系统引起的一种剧烈的气象灾害。黑龙江省是冰雹灾害频发区,主要分布是中、北部多,东南、西南部少。冰雹对黑龙江省最主要的影响是形成大面积的农作物损坏,造成严重的经济损失。

冰雹预警信号分二级,分别以橙色、红色表示。

1)冰雹橙色预警信号

图标:

标准:6 h内可能出现冰雹天气,并可能造成雹灾。

防御指南:

①政府及相关部门按照职责做好防冰雹的应急工作;

②气象部门做好人工防雹作业准备并择机进行作业;

③户外行人立即到安全的地方暂避;

④驱赶家禽、牲畜进入有顶篷的场所,妥善保护易受冰雹袭击的汽车等室外物品或者设备;

⑤注意防御冰雹天气伴随的雷电灾害。

2)冰雹红色预警信号

图标:

标准:2 h内出现冰雹可能性极大,并可能造成重雹灾。

防御指南:

①政府及相关部门按照职责做好防冰雹的应急和抢险工作;

②气象部门适时开展人工防雹作业;

③户外行人立即到安全的地方暂避;

④驱赶家禽、牲畜进入有顶篷的场所,妥善保护易受冰雹袭击的汽车等室外物品或者设备;

⑤注意防御冰雹天气伴随的雷电灾害。

（9）霜冻

霜冻，是一种较为常见的农业气象灾害，是指空气温度突然下降，地表温度骤降到 0℃ 以下，使农作物受到损害，甚至死亡。黑龙江省北部出现霜冻早、南部出现霜冻晚；北部霜冻结束晚、南部霜冻结束早。霜冻对黑龙江省农业生产的危害极大。

霜冻预警信号分三级，分别以蓝色、黄色、橙色表示。

1）霜冻蓝色预警信号

图标：

标准：48 h 内地面最低温度将要下降到 0℃ 以下，对农业将产生影响，或者已经降到 0℃ 以下，对农业已经产生影响，并可能持续。

防御指南：

①政府及农林主管部门按照职责做好防霜冻准备工作；

②对农作物、蔬菜、花卉、瓜果、林业育种要采取一定的防护措施；

③农村基层组织和农户要关注当地霜冻预警信息，以便采取措施加强防护。

2）霜冻黄色预警信号

图标：

标准：24 h 内地面最低温度将要下降到零下 3℃ 以下，对农业将产生严重影响，或者已经降到零下 3℃ 以下，对农业已经产生严重影响，并可能持续。

防御指南：

①政府及农林主管部门按照职责做好防霜冻应急工作；

②农村基层组织要广泛发动群众，防灾抗灾；

③对农作物、林业育种要积极采取田间灌溉等防霜冻、冰冻措施，尽量减少损失；

④对蔬菜、花卉、瓜果要采取覆盖、喷洒防冻液等措施，减轻冻害。

3）霜冻橙色预警信号

图标：

标准：24 h 内地面最低温度将要下降到零下 5℃ 以下，对农业将产生严重影响，或者已经降到零下 5℃ 以下，对农业已经产生严重影响，并将持续。

防御指南：

①政府及农林主管部门按照职责做好防霜冻应急工作；

②农村基层组织要广泛发动群众,防灾抗灾;

③对农作物、蔬菜、花卉、瓜果、林业育种要采取积极的应对措施,尽量减少损失。

(10)大雾

大雾是指由于近地层空气中悬浮的无数小水滴或小冰晶造成水平能见度较低的一种天气现象。黑龙江省平均大雾出现频率春季和冬季低,夏季和秋季高,大雾天气会影响交通安全,危害人体健康,还会对输电线路和露天电器设备的绝缘体造成损害,危害较大。

大雾预警信号分三级,分别以黄色、橙色、红色表示。

1)大雾黄色预警信号

图标:

标准:12 h 内可能出现能见度小于 500 m 的雾,或者已经出现能见度小于 500 m、大于或等于 200 m 的雾并将持续。

防御指南:

①有关部门和单位按照职责做好防雾准备工作;

②机场、高速公路、轮渡码头等单位加强交通管理,保障安全;

③驾驶人员注意雾的变化,小心驾驶;

④户外活动注意安全。

2)大雾橙色预警信号

图标: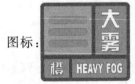

标准:6 h 内可能出现能见度小于 200 m 的雾,或者已经出现能见度小于 200 m、大于或等于 50 m 的雾并将持续。

防御指南:

①有关部门和单位按照职责做好防雾工作;

②机场、高速公路、轮渡码头等单位加强调度指挥;

③驾驶人员必须严格控制车、船的行进速度;

④减少户外活动。

3)大雾红色预警信号

图标:

标准:2 h 内可能出现能见度小于 50 m 的雾,或者已经出现能见度小于 50 m 的雾并将持续。

防御指南:

①有关部门和单位按照职责做好防雾应急工作；

②有关单位按照行业规定适时采取交通安全管制措施，如机场暂停飞机起降，高速公路暂时封闭，轮渡暂时停航等；

③驾驶人员根据雾天行驶规定，采取雾天预防措施，根据环境条件采取合理行驶方式，并尽快寻找安全停放区域停靠；

④不要进行户外活动。

（11）霾

近地面大量极细微的干尘粒等均匀地悬浮在空中，造成大气浑浊、能见度下降到 10 km 以内的天气现象称为霾。黑龙江省 10—11 月出现的霾的天气比较频繁，范围大、持续时间长、灾害重，霾对交通出行会造成较大影响，能见度低，交通堵塞，事故频发，霾还会对人体健康造成较大危害，霾天气导致近地层紫外线减弱，易使空气中的传染性的活性增强，传染病增多。

霾预警信号分三级，分别以黄色、橙色和红色表示。

1）霾黄色预警信号

图标：

标准：24 h 内可能出现能见度小于 3000 m 且相对湿度小于 80％的霾，或者出现能见度小于 3000 m 且相对湿度大于或等于 80％、$PM_{2.5}$ 浓度大于 115 $\mu g/m^3$ 且小于或等于 150 $\mu g/m^3$ 的霾，或者出现能见度小于 5000 m，$PM_{2.5}$ 浓度大于 150 $\mu g/m^3$ 且小于或等于 250 $\mu g/m^3$ 的霾且可能持续。

防御指南：

①因空气质量明显降低，人员需适当防护；

②一般人群适量减少户外活动，儿童、老人及易感人群应减少外出。

2）霾橙色预警信号

图标：

标准：24 h 内可能出现能见度小于 2000 m 且相对湿度小于 80％的霾，或者出现能见度小于 2000 m 且相对湿度大于或等于 80％、$PM_{2.5}$ 浓度大于 150 $\mu g/m^3$ 且小于或等于 250 $\mu g/m^3$ 的霾，或者出现能见度小于 5000 m，$PM_{2.5}$ 浓度大于 250 $\mu g/m^3$ 且小于或等于 500 $\mu g/m^3$ 的霾且可能持续。

防御指南：

①空气质量差，人员需适当防护；

②一般人群适量减少户外活动，儿童、老人及易感人群应减少外出。

3)霾红色预警信号

图标：

标准：24 h 内可能出现能见度小于 1000 m 米且相对湿度小于 80％的霾，或者出现能见度小于 1000 m 且相对湿度大于或等于 80％、$PM_{2.5}$ 浓度大于 250 $\mu g/m^3$ 且小于或等于 500 $\mu g/m^3$ 的霾，或者出现能见度小于 5000 m，$PM_{2.5}$ 浓度大于 500 $\mu g/m^3$ 的霾且可能持续。

防御指南：

① 政府及相关部门按照职责采取相应措施，控制污染物排放。

② 空气质量很差，人员需加强防护；

③一般人群避免户外活动，儿童、老人及易感人群应当留在室内；

④机场、高速公路、轮渡码头等单位加强交通管理，保障安全；

⑤驾驶人员谨慎驾驶。

(12)道路结冰

如果地面温度低于 0℃，出现降水，道路上会出现积雪或结冰现象。道路结冰容易发生在 11 月到下一年 4 月的一段时间内。黑龙江省常出现道路结冰现象，道路冰冰对交通出行影响较大，车辆打滑，易出现交通事故。

道路结冰预警信号分三级，分别以黄色、橙色、红色表示。

1)道路结冰黄色预警信号

图标：

标准：当路面温度低于 0℃，出现降水，12 h 内可能出现对交通有影响的道路结冰。

防御指南：

①交通、公安等部门要按照职责做好道路结冰应对准备工作；

②驾驶人员应当注意路况，安全行驶；

③行人外出尽量少骑自行车，注意防滑。

2)道路结冰橙色预警信号

图标：

标准：当路面温度低于 0℃，出现降水，6 h 内可能出现对交通有较大影响的道路结冰。

防御指南：

①交通、公安等部门要按照职责做好道路结冰应急工作；

②驾驶人员必须采取防滑措施，听从指挥，慢速行驶；

③行人出门注意防滑。

3)道路结冰红色预警信号

图标：

标准：当路面温度低于 0℃，出现降水，2 h 内可能出现或者已经出现对交通有很大影响的道路结冰。

防御指南：

①交通、公安等部门做好道路结冰应急和抢险工作；

②交通、公安等部门注意指挥和疏导行驶车辆，必要时关闭结冰道路交通；

③人员尽量减少外出。

1.2　黑龙江省专业气象服务发展概要

黑龙江省专业气象服务以国家专业气象服务为引领，经过数十年发展，已形成以铁路、公路、航道、电力、农业、保险等多行业为主体的服务体系。

气象服务是气象事业的出发点和归宿点，各类气象产品最终要通过服务发挥效能，因此做好气象服务是气象工作的终极目标。多年来，经过气象服务的不断发展和实践探索，我国已经逐步建立了由决策气象服务、公众气象服务、专业专项气象服务等业务系统构成的、以气象灾害防御和应对气候变化为着力点的气象服务业务体系。作为气象服务的重要组成部分，专业气象服务是为经济社会有关行业和用户提供的用来满足特定行业和用户个性化需求、有专门用途的气象服务。专业气象服务着重提高服务的针对性和满足服务对象的具体需求。通过气象服务产品的专业化加工和信息技术的应用，构建专业化、精细化、个性化的专业气象服务平台，满足国民经济各行各业的不同生产对象、不同生产过程的具体要求，从而达到提高工效、减少消耗和损失的目的。专业气象服务的主要特点是社会需求广泛但各行业需求差异大。专业气象服务坚持以各行各业的需求为导向，以提高用户的气象灾害防御能力和经济效益为宗旨，以基本天气业务为依托，联合有关部门，构建专业化、精细化、个性化的专业气象服务平台，把气象现代化科技成果直接转化为现实生产力，不断提高服务的针对性和专业化水平，促进国民经济又好又快发展。

1.2.1　黑龙江省专业气象服务的发展历程

回顾过去，黑龙江省专业气象服务主要经历了以下几个阶段。

(1)黑龙江省专业气象服务初期阶段，该阶段大致从 1985 年至 1998 年。黑龙江省很早就开始了专业气象服务的探索和实践。专业服务最早开始于 20 世纪 80 年代，最初只局限于铁路、航道等几个主要部门，还包括粮食仓储、建筑施工等零散企业单位，服务零散企业和部门的流动性相对比较大。那个年代服务产品相对单一，预报服务产品的专项性很有局限，在当时的技术水平下，服务方式也主要局限于电话、传真、信函邮件和警报器广播，通过警报器广播进行预警天气的播报成为专业气象服务的主要特色内容。

（2）专业气象服务发展阶段，该阶段从 1999 年至 2011 年前后。20 世纪末期，黑龙江省专业气象服务经历了第一次大发展。由于计算机科技不断进步，特别是互联网技术被逐步应用于专业气象服务，传输方式取得了革命性的突破。1999 年，第一批网络终端用户应运而生。从这个时期开始，专业气象服务的对象从零散多变的结构逐渐向集中化的模式靠拢，以网络终端作为产品的发放端，专业气象服务产品也更趋向于定制性，并逐步开发出一些符合行业用户需求的新产品，比如相对湿度预报等新的要素预报，服务内容由以往预报为主的产品结构转为集长、中、短期、短时预警相融合的预报产品和自动站实况要素等各种资料分析相结合的更加丰富的专业化服务产品。自此，黑龙江省专业气象服务进入平稳发展期。

（3）成立专业化机构，进入快速发展阶段，该阶段是从 2012 年以后开始的。黑龙江省专业气象服务领域在 2011 年及以前一直作为黑龙江省气象台的一个部门开展对外服务。伴随中国气象局公共气象服务中心的成立，2011 年，黑龙江省气象服务中心挂牌成立。2012 年，专业气象服务成为黑龙江省气象服务中心的一个重要组成部门。几年来，中国气象局公共气象服务中心不断发挥其指导和引领作用，各省气象服务在原有基础上又取得了长足发展，黑龙江省气象服务中心专业气象服务也借助这一优势得到了快速发展。2012 年之后的这几年里，专业气象服务主要在系统开发方面取得了新的突破。我们相继为公路、铁路、电力等部门进行了系统升级。技术服务水平得到提升后，服务的经济效益也取得了显著提高。

1.2.2　黑龙江省特色专业气象服务介绍

黑龙江省气候环境独特，行业气象服务有自身的特点。

（1）公路和铁路。黑龙江省气候比较特殊，冬季寒冷，道路结冰、大雪对交通影响巨大，因此，铁路、公路等交通部门对专项气象服务的需求比较迫切，针对公路和铁路部门的气象服务开始得很早，根据需求牵引，经过多年的服务和总结，我们已基本形成了系统化的预报技术方法，并有相应的服务系统作支撑。

（2）江河航运气象服务。黑龙江省江河水域辽阔，但通航期却是全国最短的省份。充分利用有限的通航期对于航运部门来说非常重要。黑龙江省航道局是自 1985 年开始专业专项气象服务以来最早的服务行业之一，在多年的气象服务中，我们不断开展技术研发，总结、凝练出一系列的预报指标和专项服务方法，经过实践的检验，预报准确率很高，深受用户好评。

（3）电力气象服务。电力部门也是黑龙江省最早开始专业气象服务的行业之一。大风、风雪天气、电线覆冰等是电力行业最敏感的气象灾害。电力线路舞动对电力线路安全影响很大，为此，我们与电力部门合作，制作出黑龙江省电力系统舞动分布图，明确了舞动灾害的分布区域，并研制出影响舞动的气象因子，为避免舞动灾害，作好电力灾害性的天气服务奠定了基础。

（4）农业气象服务。黑龙江省是农业大省，肩负着国家粮食安全的重要职责。农业气象服务的任务重大。但农业气象服务以决策气象服务为主，专业专项气象服务的领域的开展，还主要在于向公众传播气象知识和解读灾害性天气等方面。通过二十四节气与农时的研发，我们提炼出二十四节气中黑龙江省气候和农时特点，为指导农业生产起到积极作用。

第 2 章　黑龙江省公路气象服务

2.1　黑龙江省公路路网分布

交通是国民经济的重要基础性行业,在地方经济发展、改善人民生活、建设和谐社会等方面均具有十分重要的地位。公路系统特别是高速公路的发展是一个国家经济实力、发展水平以及发展活力的重要标志。近年来,伴随着公路建设规模的迅速扩大,汽车保有量、道路运输量也逐年增长,广大民众对便捷、经济的公路出行服务需求日益迫切,尤其是对高速公路和车流量大的国省干线的安全性和舒适性提出了更高的要求。高速公路运输以其方便、快捷的优点在社会经济生活中发挥着越来越重要的作用。

2.1.1　黑龙江省公路概况

近五年来,黑龙江省充分发挥交通基础设施先行作用,累计完成公路、水路交通建设投资824 亿元,新交工高速公路 425 km、一二级公路 3500 km、农村公路 1.9 万 km。到 2017 年底,全省高速公路总里程达到 4512 km,普通国省道二级及以上公路达到 1.3 万 km,功能清晰、结构合理、衔接顺畅的"三大路网"已基本形成。

公路交通在黑龙江省经济战略发展布局中的地位举足轻重。截至 2017 年末,全省开通客运班线 6489 条,日均发送 2.05 万班次。中高级客车比重达到 69.7%,较五年前提升 17 个百分点。乡镇和建制村通客车率达到 100%。公路交通已成为促进黑龙江省国家老工业基地建设、哈大齐工业走廊建设、东部煤电化基地建设、东北亚经济贸易开发、三江平原农业综合开发区、北国风光特色旅游开发和对外经贸发展的运输大通道。

公路交通的发展也直接带动了黑龙江省农村经济的发展。到 2017 年末,全省农村公路完成 13.8 万 km,全省乡镇通畅率达 100%。农村公路建设架起了惠民利民通道,打开了对外沟通的大门,改善了农村招商引资条件,密切了城乡经济的交流,促进了农副产品运输业、加工业、养殖业、旅游业、服务业等农村相关产业经济效益的明显增长。

2.1.2　黑龙江省高速公路路网分布

黑龙江省高速公路到 2017 年底总里程达到 4512 km,形成了以哈尔滨为中心的 4 小时经济圈,打通省际高速公路出口 6 个,建设对俄罗斯经贸高速公路运输通道 3 条,形成了横贯东西、纵穿南北、覆盖全省、连接周边的高速公路骨架网络。黑龙江省主要高速公路路网分布的详细情况如表 2-1 所示。

表 2-1 黑龙江省高速公路路网分布

序号	公路名称	长度(km)	起点	终点	所属线路
1	大齐高速	100.8	大庆	齐齐哈尔	G10
2	哈大高速	132.8	哈尔滨	大庆	G10
3	哈牡高速	193	哈尔滨	牡丹江	G10
4	哈双高速	100.94	哈尔滨	拉林河	G1
5	哈绥高速	79	呼兰	绥化	G1111
6	哈同高速	595	哈尔滨	同江	G1011
7	哈伊高速	363	哈尔滨	伊春	G1111
8	哈尔滨绕城高速	92	哈尔滨	哈尔滨	G1001
9	鹤佳高速	52	鹤岗	佳木斯	G11
10	建虎高速	204.33	建三江	虎林	/
11	建鸡高速	184	建三江	鸡西	/
12	牡绥高速	169	牡丹江	绥芬河	G10
13	齐嫩高速	230.7	齐齐哈尔	嫩江	/
14	齐泰高速	138.2	齐齐哈尔	泰来	/
15	绥北高速	208	绥化	北安	/
16	依七高速	117	依兰	七台河	/
17	建抚高速	166.5	建三江	抚远	/
18	三江高速	204	富锦	虎林	/
19	伊绥高速	232	伊春	绥化	G1111

2.2 黑龙江省公路交通主要气象灾害

恶劣的天气通常会导致高速公路路段出现诸如能见度低、路面结冰(积水)打滑等恶劣路况,蕴藏着交通事故隐患,并常常引发重大安全事故。据统计,交通事故中有近30%是在恶劣天气中发生的。另外,由这些气象灾害导致的次生灾害或地质灾害,也会对道路交通安全产生重大影响。统计资料显示,对气象条件预测、应对措施不到位,因能见度低、安全视距不够、速度过快造成的交通事故,占高速公路事故总量的27%。另外,灾害性天气经常造成公路的堵塞、封路,直接导致交通运输中断,给地方经济和公路自身经济效益造成损失。

黑龙江省位于中国的东北部,是中国位置最北、纬度最高的省份,属温带、寒温带大陆性季风气候,高大山脉甚少,以丘陵和平地地貌类型为主,没有永久积雪的分布。黑龙江省地形复杂、气候多样、气象灾害多发,灾害性天气种类繁多,如降雪(积雪)、低能见度浓雾(大雾、团雾)、路面结冰、雷暴、强风、低温与冰冻、降雨(暴雨、强降水、积水、洪涝)、高温等。3—4月和10—11月为黑龙江省交通事故的多发期,冰雪、降雨、冰雹、大雾等气象灾害对公路交通的影响尤为突出。

2.2.1 冰雪和风吹雪

冰雪天气会导致能见度降低和路面冻结,致使路面附着系数降低产生打滑现象等,影响行车安全,导致严重交通事故。范围较大、程度较深的降雪天气还会造成高速公路暂时性中断、堵塞,带来间接的损失,给社会造成多方面影响和危害。公路上降雪时或降雪后,风力达到一定强度时,可形成风吹雪,在公路上不断形成新的积雪和灾害,不仅增加了积雪危害并延长了雪阻时间,给公路交通运输制造出新的障碍,同时也给公路养护部门增添了新的工作和难度。因此公路风吹雪比自然降雪产生的危害更大,黑龙江省公路雪阻类型以风吹雪积雪居多,已成为长期困扰黑龙江省公路交通运输和经济社会发展的一大阻碍。另外,为了减少冰、雪对高速公路行车安全的影响,当冬季降雪后,往往在清除冰雪路面时采取撒盐的方法,虽然清除冰雪较快而彻底,但会使路面受到侵蚀而表面剥落,对路面造成损坏。

案例:2017 年 1 月 26 日黑龙江省多地普降大雪并伴大风天气,在恶劣天气影响下,多路段出现雪雾、结冰等现象,严重影响路面状况和能见度。12 时许,因能见度低于 100 m、视距短,加之驾驶人操作不稳定,采取措施不当,哈绥高速公路 374 km、374 km+800 m、375 km+500 m 处,相继发生 3 起多车连撞事故,共造成 7 人当场死亡,2 人受伤,45 辆车不同程度受损,并导致沿线车辆临时滞留 5 h。此外,哈大高速公路也发生 5 起多车相撞事故,共造成 7 人受伤。

2.2.2　降雨

降水天气对高速公路的影响主要体现在:降雨天气尤其是降雪容易导致路面潮湿和打滑,雨天情况下的路面摩擦系数不到干燥铺装路面的一半,因而车轮极易打滑,随着车速增加,路面的摩擦系数急剧减小,车辆制动距离逐渐增大,对安全造成极为不利的影响;同时路面积水行车易造成水花四溅,导致能见度有一定程度的下降,况且强降水天气本身的能见度亦非常低,所以这些因素影响了行车的视线,也影响了高速公路的路况,从而引发交通事故。在山洪易发区,降雨对公路的安全危害非常大。暴雨天气下,在山区公路的山洪易发路段,一旦有山洪暴发,山洪、泥石流等地质灾害直接导致车毁人亡。

案例:2017 年 9 月 4 日 13 时许,在齐齐哈尔市克山县北联镇至北兴镇 2 km 处,一辆由莫旗开往北安的大客车与迎面驶来的一辆轻型客货车相撞。当时,事故路段正在下小雨,路面湿滑,大客车车速较快,失控后和货车相撞。事故导致两车损毁严重,并造成 2 人死亡,10 余名乘客不同程度受伤。

2.2.3　雾

雾是影响公路交通安全的主要灾害性天气,体现在有雾出现时的低能见度可直接引发严重高速公路交通事故,且比率很高。雾天气发生时,能见度较低,对高速公路的影响非常之大,据有关数据统计,当能见度低于 150 m 时易出现交通事故,因为能见度较低会导致行车视线下降,从而影响车辆的行驶速度,且浓雾天气路面较滑,容易造成“追尾”。由浓雾造成的高速公路上汽车连环追尾,导致车毁人亡的严重交通事故和道路交通运输中断等事故不胜枚举,所占比例很高,这给高速公路自身经济效益、地方经济以及人民生命财产造成了严重损失。

案例:2014 年 10 月 20 日 06 时许,哈大高速公路出现大雾,能见度不足 50 m,503~507 km处连续发生 4 起多车相撞事故,每起交通事故有四台车躲闪不及发生连撞,共涉及 16 辆车,致该路段严重拥堵,肇事车辆虽然车损严重,但万幸事故没有造成人员死亡,只有几名轻微伤者。

2.2.4　雷暴

雷暴是伴有雷击和闪电的局地对流天气系统,往往伴随着大风、降雨或冰雹,当雷暴天气发生时,道路能见度很低,冰雹等降水特性使得路面摩擦系数下降很多,雷暴天气路面比雨天路面更滑,驾驶员在这种天气状况下很难控制方向,容易发生追尾、碰撞等交通事故,雷暴的另一危害是会对道路交通设施等造成损毁,也会直接威胁高速公路交通的安全运行。

案例:2012 年 6 月 10 日 04 时 17 分,哈同高速公路摆渡站遭遇雷击,全站多项电子设备和用电设备损坏,致使收费系统瘫痪,共造成直接经济损失 18.65 万元,所幸没有人员伤亡。

2.2.5　大风、沙尘

大风、沙尘这类偶尔会出现的灾害性天气,也会对高速公路带来影响。大风直接影响到行车的安全,主要表现在使车辆行驶阻力增大,增加车辆负载,影响行车稳定性。横风天气出现时会引起大型货车的侧翻,还会破坏道路基础设施如护栏、指示牌等;沙尘天气使道路能见度减低,驾驶员视线受到影响,影响行车安全。

2.2.6　高温、低温

高温天气主要出现在夏季,其影响主要体现在:一方面易引起司机的驾驶疲劳;另一方面,车辆在高温期间行驶时发动机过热易引发危险,还可能会爆胎。这些都会引发交通事故。除此之外,路基路面受高温影响也容易发生变形坍塌,影响也很严重。低温天气影响对高速公路的危害也是相当大的,当气温在 0℃ 以下接近 0℃ 时,路面会形成局部结薄冰的状况,此时的路面危险系数有时高于冰天雪地的路面,且不容易被司机察觉,极易造成严重影响。另一方面,当温度低到零下 10℃ 时还会造成机动车启动困难、轮胎冻裂、零部件结冰等,这些问题也会引发高速公路上的交通事故。

2.3　黑龙江省主要公路气象灾害风险普查与评估

无论是国民经济的高效快速发展还是人民生活的健康有序进行都对交通运输体系具有相当高的依赖度,而后者所追求的是快速、高效和安全,在很大程度上会受到气象因素的影响和制约。不利天气易引发重、特大交通事故,造成交通瘫痪,影响生产生活活动的顺利开展。

开展公路交通气象灾害风险普查和评估,调查了解公路交通气象灾害隐患点主要灾害类型、主要致灾气象因子及其致灾临界值、主要影响因素等信息,分析对不同的气象灾害的分布和变化规律、发生频率和致灾特点以及对公路交通产生的影响,进行专项公路气象灾害预警和服务,能够有效预防和减少因天气原因造成的交通事故。

2.3.1　基本方法

(1)问卷调查法

运用统一设计的问卷向被选取的调查对象了解情况并征询意见的调查方法,也以书面提出问题的方式搜集资料。问卷调查是本次调查最主要的方法。普查时根据黑龙江省公路交通气象灾害风险普查需求,制定包括高速公路沿线桥梁、隧道、气象灾害预警发布设施等信息的调查问卷,向重点普查路线的高速公路管理处、公路局、黑龙江省交通信息管理中心等相关单位的工作人员进行初步的数据收集。

（2）实地观察法

根据一定的研究目的,用现场观察、记录的方式直接收集数据,获得资料的调查研究方法。调查中,灾害隐患点的选取、致灾相关因素的确定、灾害影响机制等方面均通过实地观察法直接收集第一手调查数据。在收集和整理调查问卷基础上,结合研究需求,组织考察小组,到高速公路沿线进行普查信息核实和补充,搜集高速公路基本信息、气象监测站信息,隐患路段道路形态等信息。数据的获取以客观测量为主,结合主观评估的方式,最终结果由交通部门技术人员把关确认。

（3）对比分析法

将两个相互联系的指标数据进行比较,从数量上展示和说明研究对象之间的各种关系。在调查中,对比分析法被广泛运用于气象与公路交通数据相关性分析、历史数据对比分析和灾害影响度等分析。

（4）专家评估法

又称德尔菲法（Delphi method）,是一种依靠专家判断、分阶段、交互式的预测评估方法。在确定隐患路段和致灾天气临界值时,采用专家评估法和对比分析法。首先由交通公路管理方面专家对各条高速公路因气象条件造成的事故多发路段进行评估,初步确定隐患路段,再根据近十年内因灾害性天气造成的事故资料和封路信息,采用对比分析法,翻查相同期内的气象历史资料,确定致灾天气临界值。

（5）分类典型调查

分类典型调查是在重点公路气象灾害隐患点基本信息的基础上按照灾害种类开展深入调查,主要侧重对公路交通气象灾害的影响、影响程度、致灾临界条件等信息的获取。分类调查的核心是致灾临界条件的确定,在导致灾害发生的主要气象致灾因子的基础上,结合事故频发或典型案例发生的时间段,深入分析相关气象资料数据与灾害发生的相关性,科学合理地确定致灾临界值。

2.3.2　重点公路选择

由于黑龙江省高速公路总里程达到 4512 km,数量多达 20 条,分布纵横交错,全省范围的公路气象灾害风险普查与评估工作量巨大,短时间内难以完全实现。所以遵循重点调查原则,参考公路线路所处的区域和地理位置、公路里程、客流量、事故发生数量以及天气气候复杂程度等多方因素,确定了参与气象灾害风险普查的四条重点线路,分别选取 G1011 哈同高速（哈尔滨—同江段）、G45 大广高速（大庆段）、G10 绥满高速（哈尔滨—牡丹江段、哈尔滨—齐齐哈尔段）、G1111 鹤哈高速（哈尔滨—伊春段）路段为调查工作的基本对象。

2.3.3　普查结果分析

2.3.3.1　气象灾害隐患点

根据公路交通气象灾害风险普查资料统计:各条高速公路的气象隐患点数量为 4~9 个不等,隐患点的数量大体上与路段长度成正比,隐患点的位置基本上沿着高速路段不均匀分布,总体呈现东部偏多、西部偏少的特征。其中,哈同高速的隐患点数量最多,并且主要分布在哈尔滨和佳木斯境内,途经的双鸭山境内无隐患点。哈伊高速的隐患点数量次多,也是主要分布在哈尔滨和伊春境内,途经的绥化境内无隐患点。

表 2-2　黑龙江省主要高速公路交通气象灾害隐患点分布

公路名称	起点	终点	长度(km)	途径地区	隐患点数量	隐患点位置
G1011 哈同高速（哈同段）	哈尔滨香坊区	佳木斯郊区	405	哈尔滨、双鸭山、佳木斯	9	宾县、方正、依兰、佳木斯、双城
G45 大广高速（大庆段）	大庆萨尔图区	大庆肇源县	148	大庆	3	大庆
G10 绥满高速（哈牡段）	哈尔滨道外区	牡丹江爱民区	193	哈尔滨、牡丹江	4	尚志、海林
G10 绥满高速（哈齐段）	哈尔滨松北区	齐齐哈尔甘南县	429	哈尔滨、绥化、大庆、齐齐哈尔	4	肇东、大庆、甘南
G1111 鹤哈高速（哈伊段）	哈尔滨呼兰区	伊春金山屯区	363	哈尔滨、绥化、伊春	5	伊春、呼兰

2.3.3.2　主要公路气象灾害

各高速路段的主要气象灾害种类以及灾害易发季节也有不同程度的区别。哈同高速主要气象灾害种类最多,涉及路面结冰、风吹雪、大雾、洪涝、雷电、公路积雪六类,其他各路段的主要气象灾害种类都在 2～3 种。整体来看,黑龙江省主要高速公路线路一年四季都可能有公路交通气象灾害发生,其中冬季发生气象灾害的风险最高,灾害种类以降雪、风吹雪、道路结冰或者公路积雪为主;其次容易发生的公路气象灾害为四季均可出现的大雾、团雾天气以及初冬季节易发的道路结冰;夏季多发的暴雨和洪涝和雷电天气较少造成公路交通安全隐患。

表 2-3　黑龙江省主要高速公路交通气象灾害特征

公路名称	气象灾害种类	主要气象灾害	灾害易发季节
G1011 哈同高速（哈同段）	6	大雾、风吹雪、公路积雪、洪涝、雷电、路面结冰	夏、秋、冬
G45 大广高速（大庆段）	2	大雾、道路结冰	春、秋、冬
G10 绥满高速（哈牡段）	2	风吹雪、大雾	春、冬
G10 绥满高速（哈齐段）	2	风吹雪、暴雪	冬
G1111 鹤哈高速（哈伊段）	3	团雾、风吹雪、暴雨	春、夏、冬

具体分析主要公路交通气象灾害的发生规律可以看出:首先,黑龙江省参与风险普查的五条线路的全部 25 个隐患点中,以风吹雪为主要气象灾害的隐患点数量最多,占总数量的40%,这类隐患点的主要致灾的气象因子为降雪。同时,值得注意的是降雪天气不但容易引发风吹雪对公路交通造成巨大影响,还可能形成暴雪、公路积雪等气象灾害,同样形成公路交通隐患。并且,降雪天气引发的气象灾害隐患点在各条线路上均有分布。其次,以大雾或团雾为主要气象灾害的隐患点数量次多,占总数量的 24%,且季节性不规律,一般四季均可发生,主要的致灾气象因子为能见度,除了 G10 绥满高速（哈齐段）外其他四条高速公路上均有此类隐

患点分布。最后,暴雨、洪涝和雷电等发生在夏季,由于降水或雷电天气引起的气象灾害对公路交通的影响相对较小,仅各有一个此类型的隐患点。

表 2-4　黑龙江省主要高速公路交通气象灾害具体分布

主要气象灾害	隐患点个数	主要致灾气象因子	灾害易发季节	公路路段(简称)
暴雪	2	降雪	冬	哈齐
风吹雪	10	降雪	春、冬	哈牡、哈齐、哈同、哈伊
公路积雪	1	降雪	冬	哈同
道路结冰	3	降雪	冬	大庆、哈同
大雾	4	能见度	春、秋、冬	大庆、哈牡、哈同
团雾	2	能见度	夏、冬	哈伊
暴雨	1	降雨	夏	哈伊
洪涝	1	降雨	夏	哈同
雷击	1	雷电	夏	哈同

2.3.3.3　气象灾害调查结果

分析近十年高速公路沿线交通事故资料发现:黑龙江省主要的五条高速公路有因降雪、能见度、降雨和雷电天气等气象因子造成的交通事故,没有因地质灾害、极端高温、大风等其他天气要素造成的交通事故或损失。具体如下。

(1)G1011 哈同高速(哈同段)由于地处平原地区,风力小,加之纬度高,气温低,因此影响交通的主要气象灾害是暴风雪、积雪、道路结冰和大雾。因降雪引发的事故年均发生起数超过 40 起。另外,哈同公路摆渡站收费站几乎每年都遭到雷击,雷击损害的主要是电子设备,没有人员伤亡。

(2)G45 大广高速(大庆段)长度较短,黑龙江省境内的全部路段均位于大庆市,地处平原地区,纬度偏低,气温偏高,影响交通的主要气象灾害是春秋季节易发的大雾以及初冬季节出现的道路结冰。每年都有多起因浓雾天气导致视距不足,致使车辆追尾或剐蹭护栏的事故。

(3)G10 绥满高速(哈牡段)和 G10 绥满高速(哈齐段)位于黑龙江省南部,由最东部的牡丹江市贯穿至西部的齐齐哈尔市,冬季寒冷,降雪天气多发,且积雪长期难以融化,对交通影响十分明显。造成交通事故的主要气象灾害为风吹雪和大雾。受降雪影响路面摩擦系数降低,易导致车辆侧滑、倾覆,因降雪、积雪发生的典型事故主要出现在夜间。

(4)G1111 鹤哈高速(哈伊段)由哈尔滨经绥化至伊春,属于南北纵向分布,公路两端纬度相差较大,气候特点明显不同,造成交通事故的主要气象灾害为团雾、暴雨和风吹雪。其中因团雾引起的年均交通事故在 6 起以上,主要集中在伊春境内,因暴雨和风吹雪造成的典型交通事故都发生在哈尔滨市呼兰区境内。哈伊高速因降雨造成的事故有两种情况,一种是较强降雨造成的路面积水,另一种是小雨造成的路面湿滑。

2.3.4　成果和应用

黑龙江省主要公路交通气象灾害风险普查和评估工作,通过问卷调查和实地考察的方法搜集主要高速沿线公路基本信息、公路沿线因气象条件造成的交通事故等资料,确定了高速公路交通气象灾害隐患路段;确认了高速公路气象灾害隐患路段的主要灾害性天气类型、致灾气象因子及其致灾临界值;了解了高速公路的管理部门与气象部门合作开展交通气象预报预警服务情况及对气象服务的实际需求;调查掌握了公路气象灾害风险路段沿线气象监测预警设施建设情况,为开展公路交通灾害性天气预警服务奠定了基础。

2.4 公路专项气象服务技术指南

高速公路交通安全运输属于对气象高度敏感的行业,现阶段车辆的快速增长使得高速公路重大、恶性安全事故时有发生,且呈多发的趋势,给人民的生存环境和生命财产造成了严重的威胁,给国民经济带来了严重损失。因此,建立和完善高效率、大范围、全方位的交通出行信息服务系统,为出行者提供实时、准确的天气情况和路况资料,加强雾、雨、雪等对交通有重要影响的天气预警工作,是实现交通运输安全、畅通和高效的重要保障之一。

开展高速公路行车安全气象条件预报,探讨交通高影响天气对行车安全的影响,并在此基础上确立高影响天气的预警指标,提供准确及时的高速公路气象与路况信息对道路交通安全保障具有至关重要的作用。道路交通高影响天气的预警,既是我国气象部门预报预测业务体制改革中专业化气象预报业务的一种拓展,也是交通部门发展到一定阶段提出的必然需求。发展交通气象服务对于保障交通安全,建设智能交通系统,满足群众生活需求等方面具有重要意义。

2.4.1 公路交通气象服务理念

公路交通气象服务是指为保障公路交通安全畅通开展的气象灾害监测预警预报服务,以及为公路交通工程规划设计、建设施工、运营管理等提供的气象咨询、论证和评价服务。公路交通气象服务以公路交通气象监测数据为基础,应用数值预报、预报模型等多种方法制作发布公路交通气象灾害预警和临近预报,通过多种手段发布公路交通气象服务信息,实现公路交通气象灾害全程跟踪服务。

2.4.2 黑龙江省公路交通气象服务指标

2.4.2.1 能见度对交通影响的临界指标与等级划定

能见度对(高速)公路交通影响等级划定见表2-5。在丘陵山地、水网密集区应特别关注局地性"团雾"对交通的影响。

表 2-5　能见度(L)对(高速)公路影响等级划分

等级	划分标准	对(高速)公路交通运行的影响
1级	200 m<L≤1000 m(雾或大雾、沙尘暴或强沙尘暴等)	稍有影响
2级	100 m<L≤200 m(浓雾、强沙尘暴等)	有一定影响
3级	50 m<L≤100 m(浓雾、强沙尘暴等)	有较大影响
4级	L≤50 m(强浓雾、特强沙尘暴等)	有严重影响

2.4.2.2 降雨对交通影响的临界指标与等级划定

主要以降雨强度(含短时强降雨)及对能见度的影响情况作为划分指标(见表2-6)。在关注降雨强度的同时,还要关注过程降雨总量,以预防因次生灾害引发的交通气象灾害。

表 2-6　降雨强度对(高速)公路影响的等级划分

等级	划分标准	对(高速)公路交通运行的影响
1 级	一小时(1 h)降雨强度 10.0～19.9 mm/h,或一分钟(1 min)降雨强度 0.8～1.2 mm/min 且能见度降到 500 m 左右。	稍有影响
2 级	一小时(1 h)降雨强度 20.0～29.9 mm/h,或一分钟(1 min)降雨强度 1.3～2.0 mm/min 且能见度降到 200 m 左右。	有一定影响
3 级	一小时(1 h)降雨强度 30.0～49.9 mm/h,或一分钟(1 min)降雨强度 2.1～3.0 mm/min 且能见度降到 100～150 m。	有较大影响
4 级	一小时(1 h)降雨强度≥50.0 mm/h,或一分钟(1 min)降雨强度>3.0 mm/min 且能见度降到<100 m。	有严重影响

注:当同时满足两个条件时,以较高一个级别划定之。

2.4.2.3　路面高温对交通影响的临界指标与等级划定(表 2-7)

表 2-7　路面温度(T)对(高速)公路影响的等级划分

等级	划分标准	对(高速)公路交通运行的影响
1 级	$55℃≤T<62℃$	稍有影响
2 级	$62℃≤T<68℃$	有一定影响
3 级	$68℃≤T<72℃$	有较大影响
4 级	$T≥72℃$	有严重影响

2.4.2.4　风力对交通影响的临界指标与等级划定

依据平均风的风力(风速)和阵风的风力(风速)对交通的影响进行等级划定。风力对(高速)公路交通影响等级划定见表 2-8。

表 2-8　风力对(高速)公路影响的等级划分

等级	划分标准	对(高速)公路交通运行的影响
1 级	平均风 4～5 级(5.5～10.7 m/s)或阵风 6 级(10.8～13.8 m/s)	稍有影响
2 级	平均风 6 级(10.8～13.8 m/s)或阵风 7 级(13.9～17.1 m/s)	有一定影响
3 级	平均风 7 级(13.9～17.1 m/s)或阵风 8 级(17.2～20.7 m/s)	有较大影响
4 级	平均风≥9 级(≥20.8 m/s)或阵风≥10 级(≥24.5 m/s)	有严重影响

注:当同时满足两个条件时,以较高一个级别划定之。

2.4.2.5　降雪对交通影响的临界指标与等级划定(表 2-9)

表 2-9　降雪对(高速)公路影响的等级划分

等级	划分标准	对(高速)公路交通运行的影响
1 级	小雪或雨夹雪	稍有影响
2 级	中雪	有一定影响

等级	划分标准	对(高速)公路交通运行的影响
3级	大雪	有较大影响
4级	暴雪	有严重影响

2.4.2.6 积雪对交通影响的临界指标与等级划定(表2-10)

表2-10 积雪对(高速)公路影响的等级划分

等级	划分标准	对(高速)公路交通运行的影响
1级	积雪厚度<1.0 cm	稍有影响
2级	1.0 cm≤积雪厚度<2.9 cm	有一定影响
3级	3.0 cm≤积雪厚度<4.9 cm	有较大影响
4级	积雪厚度≥5.0 cm	有严重影响

2.4.2.7 风吹雪对交通影响的临界指标与等级划定

依据发生风吹雪时对(高速)公路影响的风速、3 h降雪量或者输雪量(M)来划分(见表2-11)。

表2-11 风吹雪对交通影响的临界指标与等级划定

等级	划分标准	对(高速)公路交通运行的影响
1级	6.0 m/s≤风速<8.0 m/s,降雪量<2.4 mm,或 M<10.5 g/(m² · s)	稍有影响
2级	8.0 m/s≤风速<9.0 m/s,2.4 mm≤降雪量<4.9 mm,或 10.5 g/(m² · s)≤M<25.9 g/m² · s(m² · s)	有一定影响
3级	9.0 m/s≤风速<10.8 m/s,4.9 mm≤降雪量<9.9 mm,或 25.9 g/(m² · s)≤M<39.7 g/(m² · s)	有较大影响
4级	风速≥10.8 m/s,降雪量≥9.9 mm,或 M≥39.7 g/(m² · s)	有严重影响

2.4.2.8 沙尘暴对交通影响的临界指标与等级划定

依据发生沙尘暴时对(高速)公路影响的能见度(L)来划分(见表2-12)。

表2-12 沙尘暴对(高速)公路影响的等级划分

等级	划分标准	对(高速)公路交通运行的影响
1级	200 m<L≤500 m	稍有影响
2级	100 m<L≤200 m	有一定影响
3级	50 m<L≤100 m	有较大影响
4级	L≤50 m	有严重影响

2.4.2.9 关注次生灾害

危及交通安全和畅通的灾害性天气,除了可形成直接危害外,对其引发的次生和衍生灾害不可低估。例如:强降水持续时间长、范围广,会引发山洪暴发形成泥石流、山体滑坡,路基浸泡时间长,出现垮塌,甚至造成破坏决堤、水库垮坝等重大灾害事件;受到雪阻、冰冻滞留在途中的驾乘人员,会因冻饿而受到伤害;又如台风来临时,若恰逢天文大潮、江河高水位会形成风暴潮,其危害程度是相当严重的。交通气象预报人员应拓宽视野,及时做出相应的预报,为有关方面提供及时有效的预报及实况服务。

2.4.3 黑龙江省公路降雪天气预警指标

高影响的公路交通灾害性天气会导致交通事故上升、运输效率严重下降,造成人身和财产的巨大损失。开展相关的公路交通气象服务工作需要针对公路交通灾害性天气进行专业专项预报方法研究,建立完整、科学的公路交通天气预警指标体系,为开展高速公路气象灾害监测预报预警工作奠定基础,保障交通运输的安全、畅通和高效运行。黑龙江省冬季寒冷而且漫长,降雪天气对公路路况的破坏是气象条件中最明显的,对交通系统的影响也是多方面的。本书以降雪天气为例,给出黑龙江省公路交通预警指标的计算方法。

2.4.3.1 公路降雪气象指数限值

研究表明,对交通事故造成较大影响的降雪天气过程主要发生在秋末冬初,冬末春初的过渡季节,表现在路面有凝冰和融冻的湿滑现象,而在天气现象表现有能见度较差,湿度高等特点。因此,在制定公路环境气象指数限值标准时,对气象要素影响程度大小予以不同考虑。参考各行业的气象指数制作方法,同样将公路预警分为 4 级标准,具体见表 2-13。

表 2-13 公路降雪预警等级标准

预警等级	路况环境评价	建议
无	好(安全)	正常行驶
4	较好(较安全)	中速行驶
3	一般(不太安全)	中—低速行驶
2	差(不安全)	低—缓慢行驶
1	极差(极不安全)	缓慢行驶—停驶

表 2-13 中,路况环境评价为安全时,不需要发布预警信息,故预警等级为无。根据公路降雪预警等级标准,将气象要素对交通事故影响程度大小编制成降雪天气发生时的公路环境气象指数限值见表 2-14。

表 2-14 降雪天气路况环境指数限值及对应预警等级

预警等级	无	4	3	2	1
环境指数限值	1～10	11～20	21～40	41～60	61～100
降水量(mm)	0.1～1.0	1.1～2.5	2.6～5.0	5.1～10.0	＞10.0
湿度(%)	≤20	21～30	31～50	51～60	61～100
最低气温(℃)	＞5.0	5.0～0.0	−0.1～10.0	−10.1～20.0	−20.1～30.0
最高气温(℃)	＞15.0	15.1～10.0	9.9～0.0	−0.1～10.0	无
风速(m/s)	0～3	4～7	8～11	12～17	＞17
能见度(km)	＞30	29～10	9～1	0.9～0.1	＜0.1

由表 2-14 所设计的各项气象要素分指数的限值具体计算公式如下：

$$\text{降水分指数 } PI=y \begin{cases} 0.1 \leqslant x \leqslant 1.0; y=10x \\ 1.1 \leqslant x \leqslant 2.5; y=6.4x+3.9 \\ 2.6 \leqslant x \leqslant 5.0; y=7.9x+0.4 \\ 5.1 \leqslant x \leqslant 10.0; y=3.9x+21.1 \\ x>10.0; y=100 \end{cases}$$

$$\text{湿度分指数 } HI=y \begin{cases} x \leqslant 20; y=x/2 \\ 21 \leqslant x \leqslant 30; y=x-10 \\ 31 \leqslant x \leqslant 50; y=x-10 \\ 51 \leqslant x \leqslant 60; y=2.1x-66 \\ 61 \leqslant x \leqslant 100; y=x \end{cases}$$

$$\text{最低气温分指数 } TmiI=y \begin{cases} x>5.1; y=10 \\ 0.0 \leqslant x \leqslant 5.0; y=-1.8x+20 \\ -0.1 \geqslant x \geqslant -10.0; y=-1.9x+20.8 \\ -10.1 \geqslant x \geqslant -20.0; y=-1.9x+22.0 \\ -20.1 \geqslant x \geqslant -30; y=-3.9x-17 \\ x<-31; y=100 \end{cases}$$

$$\text{最高气温分指数 } TmaI=y \begin{cases} 15.2 \leqslant x; y=5 \\ 10.0 \leqslant x \leqslant 15.1; y=1.8x+38 \\ 0.0 \leqslant x \leqslant 9.9; y=1.9x+40 \\ -10.0 \leqslant x \leqslant -0.1; y=1.9x+40.8 \\ -10.0>x; y \text{ 不考虑} \end{cases}$$

$$\text{风速分项指数 } WI=y \begin{cases} 0 \leqslant x \leqslant 3; y=3x+1 \\ 4 \leqslant x \leqslant 7; y=3x-1 \\ 8 \leqslant x \leqslant 11; y=2.7x+10 \\ 12 \leqslant x \leqslant 17; y=3.8x-4.6 \\ 17<x; y=80 \end{cases}$$

$$\text{能见度分项指数 } VI=y \begin{cases} 30<x; y=5 \\ 10 \leqslant x \leqslant 29; y=-0.47x+24.7 \\ 1 \leqslant x \leqslant 9; y=-2.4x+42.4 \\ 0.1 \leqslant x \leqslant 0.9; y=-23.8x+62.4 \\ 0.1 \geqslant x; y=100 \end{cases}$$

式中，x 为气象要素的量值，y 为各要素指数值。

综上，降雪天气路况环境指数表达式为：

$$AEI = (PI + HI + TmiI + TmaI + WI + VI)/Ni$$

式中，Ni 表示参加计算的气象要素的项数，表 2-14 中 $Ni=6$（在最高气温 $-10.0<x$ 时，$TmaI$ 指数不考虑，$Ni=5$）。修正说明：①考虑到过渡季节 11 月、3 月凝冰路面湿滑事故多发情况下，规定凡是有降水，最高气温在 $-0.4℃ \leqslant x$，夜间最低气温在 $-1℃>x$ 时，则 $AEI+10$；

②如果降水量≥10 mm 不考虑其他因子影响，AEI 指数定为 1 级。其他将 AEI 指数计算结果值为分别进行预警等级的 5 个级别的指数范围限值进行比较，落入哪个级别的指数内即为哪级。

举例，2014 年 2 月 2 日，黑龙江发生大风降雪天气，导致哈同公路宾县段先后发生 13 起多车连环相撞的交通事故，共造成 87 车受损，事故没有人员伤亡。这天宾县天气特征，阴天有小雪，能见度较低，湿度大，风力为 4 级。其路况环境指数：降雪 0.7 mm 时，$PI=7$，湿度 64%时，$HI=64$，最低气温 −12.9℃时，$TmiI=46.51$，最高气温 −0.5℃时，$TmaI=40.95$，风速 6 m/s时，$WI=17$，能见度 13 km 时，$VI=18.59$。则 $AEI=(7+64+46.51+40.95+17+18.59)/6=32.3$，结果预警等级标准为 3 级，属不太安全级。

2.4.3.2　公路降雪预警标准划分

通过对黑龙江省公路降雪特点和影响的研究、对冬季气温、降水以及较大降雪的时空分布特征的分析以及对公路雪害分布特征的总结，运用多因子综合分析法对降雪天气中各个气象要素指数限值进行界定，可以得出黑龙江省公路降雪条件下的气象预警等级划分表，见图 2-1。

预警级别	级别描述	颜色标示	不利气象条件	可能对公路交通造成的影响
四级	一般	蓝色	未来 24 h 内将出现对公路交通有影响的降雪，其 24 h 的路况环境指数 AEI 在 11～20。	路面湿滑，当地面气温低于冰点，风力较弱或无风时，会出现结冰或黑冰现象。
三级	较重	黄色	未来 24 h 内将出现对公路交通有较重影响的降雪，其 24 h 的路况环境指数 AEI 在 21～40。	路段能见度低；当路面积雪或结冰时，道路表面摩擦系数降低，影响行车速度和交通安全。
二级	严重	橙色	未来 24 h 内将出现对公路交通有严重影响的降雪，其 24 h 的路况环境指数 AEI 在 41～60。	路面能见度低；路面覆盖积雪或形成雪板；大部分高速公路、国道、省道主干线和公路运输枢纽交通中断、阻塞或者大量车辆积压、旅客滞留；处置时间预计在 48 h 以内，本省通行能力将受到影响。
一级	特别严重	红色	未来 24 h 内将出现对公路交通有特别严重影响的降雪，其 24 h 的路况环境指数 AEI 在 60～100，或降水量在 10 mm 以上（或积雪 10 cm 以上）并可能持续。	公路不能满足正常的行车条件，行车极为困难；导致国家干线公路和重要公路运输枢纽交通中断或者大量车辆积压、旅客滞留；处置时间预计在 48 h 以上，通行能力影响周边省份。

图 2-1　黑龙江省公路降雪条件下的气象预警等级划分表

2.4.4　黑龙江省公路交通气象服务业务流程

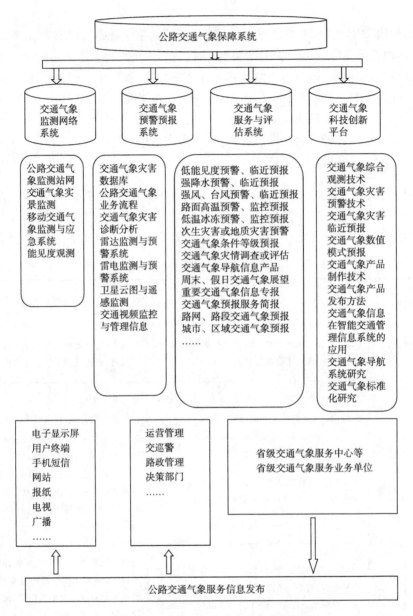

图 2-2　公路交通气象服务业务流程图

2.5　黑龙江省公路气象服务展望

2016 年 6 月,《黑龙江省省道网规划(2015 年—2030 年)》(简称"《规划》")经省政府同意正式印发。根据《规划》,调整后的黑龙江省省道网由普通省道和高速公路省道共同组成,总里程将达到 14542 km,黑龙江省国省干线公路规划总里程将达到 3 万 km,黑龙江省将形成覆盖广泛、能力充分、衔接顺畅、安全可靠的国省干线公路网络。高速公路连接全部市(地)和 80%

的县(市),其余县(市)可以在 1 h 内上高速;普通国省道连接了全部县(市)和人口超过 5 万人的城镇,覆盖了所有乡镇、垦区农场、森工林业局、省级以上产业园区、国家商品粮基地和 AAA 级以上旅游景区,紧密连接周边省份路网及边境口岸,有效衔接铁路枢纽、机场、港口及物流园区,实现与其他运输方式的协调发展,满足经济社会发展需要。

随着全省公路路网里程的快速增长,公路运营管理和公众出行对交通气象服务的需求日益增加。气象部门应该全面总结全省交通运输的需求,提高公路交通气象服务业务平台的智能水平,融合各类公路交通运行及相关数据,完善公路交通气象服务系统,加快推进公路交通气象服务平台建设,实现公路交通气象监测产品、精细化要素预报服务产品和灾害风险产品的全方位发布和服务,同时满足公众和专业用户的需求。

2.5.1　建立完善的公路交通气象观测体系

完善的公路交通气象观测体系可以为交通气象服务提供有力的基础支撑。目前,黑龙江省交通气象观测项目的针对性还不够,特别是关于能见度、路面状况等交通部门急需的主要观测项目仍有欠缺,制约了交通气象科研与服务工作的发展。气象、交通部门需进一步合作共建,在重要高速公路沿线开展浓雾、强风、强降水、低温、冰冻、雨雪、高温等交通气象灾害的观测,有针对性地增加路面温度、道路综合状况、交通实景等观测。同时,卫星资料在公路交通气象监测中的应用,是建设高时空分辨率的交通气象综合观测系统不可或缺的部分。而随着社会化观测的发展,如何有效地将社会化观测纳入公路交通气象观测体系也是目前面临的挑战。

2.5.2　建立专业化公路气象预报模型

随着气象监测、预报精细化程度的提高,如何在数值天气预报的基础上,基于天气学、统计学等理论方法,建立满足不同服务需求的专业化公路气象预报模型,特别是开展结合行业数据和面向对象需求的公路交通影响预报及灾害风险预警,提高公路交通气象的预报水平和服务能力,将是交通气象预报服务的一项重要研究工作。黑龙江省当前的公路气象服务对象主要为政府决策部门、交通行业部门(交通管理部门、交通运营公司)、物流企业以及公众。因此,进一步提高交通气象服务能力,需从服务对象特点和需求出发,探索面向不同对象的公路交通气象服务模式。

2.5.3　建立智慧交通气象服务系统

随着云计算、大数据等新兴业态的兴起,将交通气象服务融入智慧生活中,构建智慧交通气象服务系统能够极大地提升黑龙江省交通气象服务水平。智慧交通气象服务系统能够自动采集交通沿线观测站、雷达、卫星观测数据等相关交通气象信息,对交通沿线天气实况和路面状况进行实时监控与分析,实现公路交通状况实时监控;能够基于各类交通气象客观模型预报结果,通过预报人员交互订正,智能化一键制作预警预报服务产品;能够实现通过专业服务网站、传真、LED、电话、手机、FTP、Lotus 等多种发布手段向相关部门和专业服务用户进行服务信息发布;能够利用先进的 GIS 技术,实现雷达、云图、气象资料和地理信息叠加显示,支持全网络化资料共享、监测预警、落区绘制和产品包装;能够实现省、市、县三级联动,支持气象部门和其他相关部门联动,并且与在电力气象、水文气象、应急气象等方面的服务平台相结合,构建一体化的公共气象服务系统。

第3章 黑龙江省铁路气象服务

3.1 黑龙江省铁路路网分布

3.1.1 黑龙江省铁路线站分布

黑龙江省在 19 世纪末就已建成第一条铁路,以省会哈尔滨为中心的铁路运输系统,哈尔滨铁路局管辖的线路覆盖黑龙江省全境绝大部分,兼跨内蒙古自治区呼伦贝尔市,管辖线路总延展长度 12478.0 km,其中正线延展长度 8923.2 km,营业里程为 6854 km。管辖范围地理坐标 43°53′N(斗沟子站)至 52°58′N(漠河站,全路最北的车站),117°40′E(满洲里站外国境线)至 133°23′E(抚远站,全路最东端的车站)。有干线、支线和哈尔滨铁路局办公大楼联络线 67条,向北可通往俄罗斯,向南可通往广州,贯穿全省三分之二以上的市县,为全国交通网骨干,基本形成四通八达的铁路运输网。

哈尔滨铁路局直属站段包括:直属站 5 个——哈尔滨站(包括西站)、齐齐哈尔站、牡丹江站、佳木斯站、三间房站;机务段 5 个——哈尔滨机务段、齐齐哈尔机务段、牡丹江机务段、佳木斯机务段、三棵树机务段(客车段);车务段 9 个——哈尔滨车务段、齐齐哈尔车务段、牡丹江车务段、佳木斯车务段、大庆车务段、鸡西车务段、绥化车务段、海拉尔车务段、加格达奇车务段;客运段 3 个——哈尔滨客运段、齐齐哈尔客运段、牡丹江客运段;车辆段 4 个——哈尔滨车辆段、齐齐哈尔北车辆段(客车段)、齐齐哈尔车辆段(货车段)、三棵树车辆段(客车段);供电段 3个——哈尔滨供电段、齐齐哈尔供电段、牡丹江供电段;工务段 9 个——哈尔滨工务段、齐齐哈尔工务段、牡丹江工务段、佳木斯工务段、大庆工务段、鸡西工务段、绥化工务段、海拉尔工务段、加格达奇工务段;电务段 4 个——哈尔滨电务段、齐齐哈尔电务段、牡丹江电务段、海拉尔电务段;大型机械化维修段 1 个——哈尔滨工务机械段;通信段 1 个——哈尔滨通信段;动车段 1 个——哈尔滨动车段;房产建筑段 5 个——哈尔滨房产建筑段、齐齐哈尔房产建筑段、牡丹江房产建筑段、佳木斯房产建筑段、海拉尔房产建筑段。

2017 年 11 月,中铁总旗下的哈尔滨铁路局的名称变更已经通过核准,哈尔滨铁路局更名为中国铁路哈尔滨局集团有限公司。

3.1.2 黑龙江省主要铁路线路

3.1.2.1 嫩黑线

嫩黑线(嫩江至黑宝山)纵贯嫩江县北部,地处嫩江上游、松嫩平原北部、小兴安岭西麓。嫩黑线自国铁富嫩线嫩江站接轨后,沿嫩江左岸二级阶地北上,地势较为平缓,跨科洛河后

(37 km)进入大兴安岭低山丘陵带,越门鲁河、泥鳅河至终点多宝山煤矿,全长 156 km。嫩黑线经济吸引区有 7 个乡镇,还有农场、林场、多宝山铜矿、黑宝山煤矿等。人口 15.8 万人,其中非农业人口 8 万人。嫩黑线所经地区耕地面积 251.1 万亩[①],主要盛产小麦和大豆,是黑龙江省粮食主产区之一,年产 3 亿斤[②]左右,其中外运商品粮 2.8 亿斤。天然林面积 698 万亩,木材蓄积量为 20050 万 m³,到 20 世纪末每年可生产木材 21.5 万 m³,主要树种为落叶松、桦木、柞木等。修建嫩黑线对开发黑龙江省西北部矿产资源,活跃边远地区经济,便利人民生活,巩固国防,都有非常重要意义,特别是对解决黑龙江省西部地区煤炭供应缺口,改变东煤西调,缓解滨绥、滨洲铁路运力紧张状况,更有现实意义。1989 年 8 月 31 日,嫩黑线正式通车剪彩。黑金段(黑宝山至金水)是嫩黑线的延伸线,位于黑龙江省西北部,属黑河市嫩江县及爱辉区管辖。建设黑金段有利于形成新的经济增长点,有利于北部边境地区交通网络的形成,建设黑金段铁路,将形成公路、铁路乃至水路运输的新格局,形成区域性综合交通运输网络,拉动这一区域经济发展具有重要作用。黑金段建成后将具有充足的输送能力,以发送煤炭为主,以少量的木材、矿建及农用物资为辅。2004 年 11 月 29 日,从嫩黑线原终点站黑宝山站驶向新终点站金水(黑金)站。

3.1.2.2　北黑线

北黑线位于黑河地区,南起北安市,北至黑河市,穿越德都、孙吴两县,全长 303 km,其中复建的龙镇至黑河段 241 km。北黑线经济吸引区包括德都、孙吴、逊克、呼玛县和黑河市,其中黑河市还有 13 个县级国有农场和部队农场,人口 33 万人,耕地面积约 465 万亩,粮食产量约 7 亿斤。黑河地区森林蓄积量 3580 万 m³,石灰石矿藏 1 亿 t,沸石矿藏 3000 万 t,珍珠岩矿藏 1500 万 t,黄金矿藏 250 t,铁矿藏 100 万 t,大理石矿藏 1000 万 t。沿线可以发掘利用的中药材达 250 余种,蕴藏量 30 万斤以上;可食用的野生植物近千种,蕴藏量 5 万 t 左右;山产工业原料近百种,蕴藏量 12 万 t 以上。沸石质量上乘,但由于运输条件限制,难以开采外运。旅客主要靠公路运输,不仅运价高,也不方便。复建北黑地方铁路对发展地方经济、兴边富农意义重大,有利于开辟黑龙江对俄罗斯贸易、旅游大通道。

3.1.2.3　桦阳线

桦阳线起点为国铁桦南站,东至老秃顶子山下向阳上屯,故称桦阳线,全长 33.541 km。桦南县矿产资源丰富、地质好,具有开采价值。老秃顶子山石灰石矿储量 3000 万 t,八一铁矿储量 1000 万 t 左右,桦南营盘煤矿储量达 1830 万 t,另有向阳林场、石头河林场、八一贮木场,木材储量 1000 万 m³ 以上。桦阳线的建设有利于桦南石灰石矿的开工建设,有利于与国铁牡佳线衔接,有利于其他生产企业发展和支援农业,有利于解决黑龙江省钢铁、农药、造纸、水泥等行业的石灰石急需,特别是改变佳木斯水泥厂、双鸭山水泥厂、生产建设兵团水泥厂汽车运输石灰石问题,同时专线所经地区群山环绕,河纵横,为战略要地,是合江地区三线建设重要基地,在战略上具有重要意义。

---

① 1 亩 = $\frac{1}{15}$ hm²,下同。

② 1 斤 = 0.5 kg,下同。

3.1.2.4　友宝线

友宝线(友谊至宝清)位于友谊、宝清两县境内,行政隶属于双鸭山市。友宝线北段与国铁福前线(福利屯到前进镇)上的新友谊站接轨,途径友谊农场、五九七农场,终点到宝清镇,全长60 km。友宝线所经地区煤炭资源丰富,储量为 69.7 亿 t,是黑龙江省重要的煤炭基地,也是全国的商品粮基地、木材生产基地和大豆生产出口基地,生产大豆、小麦、红小豆、瓜子、甜菜、甜叶菊、野生食用菌等。还是黑龙江省三大芦苇基地之一,面积达 30 万亩,年产 12 万 t;森林面积 542 万亩,木材储量 2369 万 m³,同时,还有大理石、花岗岩、石墨、流纹岩、黄金等矿产资源都在有计划地开发。友宝线建成后,可以由单纯运煤改为社会综合服务,吸引区面积将达17.65 万 km²。据 1987 年哈尔滨铁路局勘测设计院编制的可行性研究报告推算,1995 年该线总运量仅煤炭、焦炭、木材、粮食等将达 290 万 t,货场周转为 9000 万 t·km,全年总收入将达900 万元,运营总支出 515.3 万元,净收益 384.7 万元,如考虑汽车吨煤运费节支,年收益可达1234.3 万元。可见,修建友宝线不仅会促进边疆地区资源开发,而且亦有良好的综合社会效益。1998 年 8 月 30 日通车剪彩。

3.1.2.5　绥东线

绥东线位于东宁县绥阳镇至东宁县城,故称绥东线,呈南北走向,途径八里坪、紫阳、沙洞、道河、洞庭、赏月、老城子沟、东宁,全长 100 km。东宁县土地播种面积 144 万亩,是黑龙江省商品粮生产基地之一,也是三江平原开发重点县。有山林面积 786 万亩,森林覆盖率 71.9%,木材储量 3542 万 m³,有红松、云杉、水曲柳等。野生植物达 1200 余种,其中有山参、平贝、黄芪、山野菜等,另有果园 5.8 万亩,生产苹果梨、山杏等,年产约 2 亿斤,被誉为龙江水果之乡。东宁县矿产资源丰富,煤炭总储量达 7.2 亿 t,石灰石资源遍布全县,储量在百亿吨以上,尤以马营石灰石矿和新曙光石灰石矿著称,此外还有石英、大理石、叶蜡石、沸石、石墨等 20 余种。由于东宁县具有得天独厚的建材资源,已兴建六家陶瓷厂,年产陶瓷 120 万 m² 以上,还有年产3.5 万 t 的水泥厂 1 座,有大、中型砖厂 16 个。复建绥东线符合国家产业政策,有利于东部地区资源开发,同时绥东线旧有路基条件尚好,经济社会效益评价良好,是开辟国内"东边道"的现实选择,有利于开辟国际大道。2003 年 8 月 30 日绥东线正式建成通车。

3.1.2.6　林碧线

林碧线起点林海站,终点碧水站。林碧线所经地区为呼玛河流域,西里尼河、西那木河均属呼玛河支流,沿线跨过较大的支流为奥拉伶河及几条小支流。线路所经区域属原始森林区。林碧线是为开发西里尼河及呼玛河上、中游流域的原始森林而修建的一条木材专用线。该线吸引区范围内森林资源丰富,蓄积量约为 0.8 亿 m³,单位蓄积量约 116 m³/hm²,成熟、过熟林比重较大,约占木材利用蓄积量的 75%,亟待采伐外运,林碧线建成,对林区经济建设和人民生活具有十分重要的意义。1970 年 9 月 5 日由齐齐哈尔铁路局接管。

3.1.2.7　向哈线

向哈线(向阳川经同江至哈鱼岛地方铁路)位于佳木斯市所辖的富锦和同江两个行政辖区内,在国铁福前线向阳川车站接轨,向北经东,横跨莲花河、经光明屯、乐业镇、向阳乡、同江市区、头村、二村、三村,终点到哈鱼岛港码头。同江市是国家一类口岸城市,是黑龙江省对俄贸易桥头堡、江海联运的始发港和出海港,也是同江至三亚公路的起点。同江市地处三江平原腹地,土质肥沃,资源丰富,是国家第二轮扶贫开发重点市(县),是国家确定的 63 个重点粮棉和畜牧发展基地之一,现有耕地 320 万亩,年粮豆总产 70 万 t,草原 200 万亩,林地 159 万亩,水域面积 133 万亩,鱼类品种繁多,是名贵鲟鳇鱼、鲑鱼的主产地,鱼籽出口创汇。草炭资源面积 1.49 亿 m²,总贮量 1.12 亿 m³。同时,同江市是国家级生态示范区,旅游业已成为新兴支柱产业,2000 年以来,同江市重点建设三江口、街津口两大旅游区,开发洪河自然保护街津山国家森林公园、八岔岛自然保护区等生态旅游景区和俄罗斯哈巴鲁夫斯克、共青城、莫斯科等 9 条旅游线路,形成南北风情游、民族特色游、界江风光游、生态保护游、跨国风情游格局。向哈线的建设从根本上解决了中俄贸易"瓶颈"问题,可大幅降低中俄贸易运输成本,可加速黑龙江省东部地区外向型经济发展,可充分开发利用俄远东地区的丰富资源,是构建东北新国际通道的需要。2005 年 12 月 10 日,经铁道部批准,第一阶段铁路正式开通运营。

3.1.2.8　成宾线

　　成宾线(成高子至宾西)位于哈尔滨市香坊区、阿城区和宾县境内,跨越 5 个乡镇的 12 个村,在国铁滨绥线成高子站东北端利用既有牵出线接轨,延滨绥下行正线向东绕行成高子镇,跨阿什河后经后黄河沿、弓箭屯、前关家村北、赵家油坊村南、蓝旗后沟村北,苏家屯村南、王启发、小窝棚、南窑屯村北、矫家屯、郑家屯村南、蜚克图镇小南屯村北,进入宾西经济开发区滨州水泥厂北新建宾西站,正线全长 28.1 km。成宾线的建成,改变了宾县没有火车的历史,使哈尔滨市附近链接的各县,实现了铁路交通全部通车。这条线路的建成,对于发挥哈尔滨市中心城市的整体功能,推进宾县经济的又好又快发展,具有决定性的作用,揭开了宾县发展新的历史篇章。2009 年 4 月 1 日,成宾线开工建设,截至 12 月末,全线路基工程全部竣工,填挖土方量 216 万 m³,水泥搅拌桩 11.9 万延长米;1 座大桥(阿什河大桥、长 340 m)、5 座中桥的基础、墩台工程竣工(12 月统一架梁);9 座圆涵、32 座盖板涵全部竣工;3500 m² 的宾西车站综合楼主体工程封顶。2010 年 8 月 26 日完成全部架梁、铺轨等线下工程,实现全线贯通,达到试运营目标。2010 年 8 月 30 日在宾西车站举行了庆典仪式。

3.1.2.9　跨境铁路线

　　同江黑龙江铁路特大桥,连接我国黑龙江省同江市与俄罗斯联邦犹太自治州列宁斯克市,是中、俄两国首座跨越黑龙江的过境桥梁,我国境内线路全长 31.62 km,其中跨江大桥主桥全长 2215 m(我国境内长 1900 m)。桥址区属黑龙江冲积平原,地形较为平缓。主桥跨越黑龙江主河道,主河道宽约 2200 m,引桥跨越黑龙江边滩。桥址处于我国高纬度严寒地区,历年极端最高气温 37.2℃,极端最低气温 −37.7℃。中俄同江铁路界河桥是首座横跨中俄两国界河——黑龙江的铁路大桥。这一大桥的建设,将结束中俄界河无跨江铁路桥梁的历史,形成又一个我国东北铁路网与俄罗斯西伯利亚铁路相连通的国际联运大通道,改善我国既有国际铁路运输格局。大桥建成后,将使得我国东北铁路网与俄罗斯西伯利亚铁路大动脉相连通,极大改善中俄两国之间的贸易运输条件。黑龙江省进出口商品经哈巴至莫斯科的铁路运输里程将较绥芬河口岸缩短 800 km 左右,成为我国继绥芬河、满洲里后的第三条对俄铁路运输大通道。届时,俄罗斯的矿石、木材、天然气等资源将源源不断运过来,我国也会将装备制造业产品、果蔬、建材等俄罗斯需要的产品回运过去,物尽其流,为繁荣两岸需求将起到巨大的作用。同江口岸通过铁路、水路、公路三路并进,总吞吐能力将提升至 3300 万 t,商品进出口规模翻倍增长,同江将成为新兴的亚欧运输铁路大通道和我国对俄合作的重要桥头堡。

3.1.2.10　未来规划

在中国铁路总公司发布的《黑龙江省国民经济和社会发展第十三个五年规划纲要》中,黑龙江省提出:加快铁路建设,推进对外开放转型升级。《黑龙江省国民经济和社会发展第十三个五年规划纲要》明确:加快快速铁路网和沿边铁路建设,打造"一轴两环一边"铁路网主骨架,提升"滨洲、滨绥铁路轴"运输能力;建成哈牡、哈佳、牡佳快速铁路,形成"哈尔滨—牡丹江—鸡西—七台河—双鸭山—佳木斯—哈尔滨"快速铁路东环线,力争建成"哈尔滨—大庆—齐齐哈尔—北安—绥化—哈尔滨"铁路西环线,实现快速铁路覆盖该省 50 万人口以上的城市;启动沿边铁路外环线建设,加快推进一批既有线电气化改造项目;推进铁路枢纽及配套设施建设,加快哈尔滨站改造等项目建设,加强点线协调能力。到 2020 年,全省铁路营业里程力争达到 7500 km 以上,复线和电气化率均达到 50% 以上。与此同时,黑龙江省拟改造提速并修建连通一条总长近 3000 km 的完整沿边铁路,为贯彻落实"一带一路"畅议继续丰富与俄罗斯连通的"黑龙江通道"。黑龙江此前提出构建龙江陆海丝绸之路经济带,规划内容被纳入国家"一带一路"畅议中的"中蒙俄经济走廊"。在基础设施互联互通方面,黑龙江省拟改造建设沿边境线方向走行、连接沿边各市县和口岸的铁路。黑龙江省现有沿边铁路 15 段共 1434 km,计划对速度较慢的 10 段共 1020 km 分批改造提速,修建连通韩家园子至黑河、孙吴至乌伊岭、汤旺河至富锦、创业至东方红共 1096 km 的 4 段断头路,修建连通洛古河、嘉荫、连釜、吉祥、当壁镇、老黑山共 408 km 的 6 个口岸连接线,形成一条总长为 2938 km、时速 120 km 的完整沿边铁路。围绕沿边铁路项目,黑龙江省已与国家发改委、中国铁路总公司汇报沟通,将该项目纳入国家中长期铁路网规划和"十三五"综合交通规划,争取在"十三五"期间分阶段实施。沿边铁路建成后,宛若一条玉带,将黑龙江省沿边各市县和口岸连接起来,将形成以哈尔滨为中心,以大(连)哈(尔滨)佳(木斯)同(江)、绥满、哈黑、沿边铁路 4 条干线和俄罗斯西伯利亚、贝阿铁路全面连通的"黑龙江通道"。提升中欧班列东部通道和中亚陆海联运通道功能,适时加密中欧班列(哈尔滨至汉堡)班次,推动中亚陆海联运常态化运行;依托哈尔滨集装箱中心站,形成国际物流集散枢纽;加快绥芬河铁路口岸改造、同江铁路口岸建设,完善口岸交通、仓储配送、电子信息系统、查验设备等基础设施,强化对俄通关合作。

3.2　黑龙江省主要铁路气象灾害

3.2.1　高影响天气对黑龙江辖区铁路的影响

近些年,黑龙江省铁路沿线频频受到高影响天气的影响,像 2013 年汛期,受持续降雨影响,松花江、嫩江、黑龙江全线超警,黑龙江下游多处决口,防洪形势异常严峻,受其影响多条铁路车次停运。同年 8 月 12 日 23 时 27 分,40178 次货运列车运行至绥北线扎音河至海伦间 224 km 569 m 处,因突发洪水冲空铁路道床,发生脱轨事故,中断行车 38 h。2013 年 11 月 19 日,持续暴雪对黑龙江铁路运输造成严重影响,导致 20 趟旅客列车停运,28 趟旅客列车晚点运行。2014 年 6 月 25 日 22 时 45 分,受短时强降水影响,40291 次货运列车运行至黑河辰清至清溪间发生脱轨事故,造成 3 次列车停运。而伴随我国第一条高寒高速铁路客运专线——哈大客专正式开通运营,高影响天气对高寒高铁客运专线的影响得到了铁路部门和气象部门的高度重视,正确认识天气规律,最大程度减轻不利气象条件对铁路运输的影响,减少灾害可能造成的巨大损失,合理安排行车调度,对铁路部门安全生产工作极其重要。

黑龙江省境内高影响天气对铁路的影响分为灾害影响和日常影响。灾害影响指由于极端天气气候事件给铁路部门安全生产带来的灾害性影响,天气条件以强降水、雷电和冻雨为主,灾害形式主要表现为由强降水直接引发的洪水、泥石流等地质灾害;由雷击放电诱发的雷击电磁脉冲过电压和过电流,对铁路站场电源系统、通信信号传输通道产生的影响;由冻雨造成铁路线路接触网覆冰、舞动、电线绷断,导致通信和输电中断等冰冻雨雪灾害。日常影响主要指由于特定气象条件给铁路部门日常工作带来的天气影响,高影响天气对铁路部门的日常影响出现频繁,强降水、降雪、大风、大雾、雷电、低温等气象条件均可对铁路部门日常工作产生影响。

3.2.2　影响黑龙江省铁路运输的主要灾害性天气

3.2.2.1　暴雨

盛夏时节是黑龙江省降水量集中的季节,也是暴雨集中的季节。由于暴雨来势凶猛,大面积的暴雨区将造成洪涝灾害,对铁路运输的危害有以下两点。

(1)平原地区的暴雨,由于雨水的迅速积聚,将会在短时间内形成暴雨径流,如发生水库决口,山洪暴发,将使平原地区一片汪洋。轻则造成铁路断道停运,重则还会造成列车颠覆。

(2)邻近山地或穿山越岭的铁路,暴雨可造成铁路沿线的大塌方、泥石流、滑坡等,使铁路线上异物堆积或铁路线被淹没。

3.2.2.2　大风

8 级以上的大风给铁路运输、线路、沿线的建筑以及设备等均有可能造成损失。在铁路运输中,当出现 8 级以上的大风,而风向又与列车行进方向成一定的交角(顺风或顺侧风除外)时,由于逆风的作用,将造成列车缓行;如果列车正逆大风而前进,由于载重量大,有时还会出现列车开不动或退回原车站避风的现象;如果出现 90°的正侧风,会造成列车脱轨;当出现 40 m/s 以上的正侧风时还会将空载列车吹翻。

大风还会造成严重的飞沙走石,掩埋线路,造成铁路堵塞;又能严重地风蚀铁路沿线的建筑和设施,如铁路沿线的水泥电杆,由于常年的风蚀和强风的突然袭击,可造成水泥电杆的断裂或吹倒,影响铁路通信和信号的使用,使千里铁道线短时间成为"聋子"或"瞎子";连续性的大风还会把货车用的防雨篷布吹成碎片,将系篷布的绳索吹断,使篷布刮走或绞到车轮下,影响行车安全。

3.2.2.3 暴雪

冬季的天气对铁路的影响主要是积雪、连续性的大雪天气或暴风雪。当雪量很大时,可将铁路埋没,铁轨和车轮之间会存在打滑现象,出现空转。暴风雪天气中,在一定的地形条件下(如铁路线在山口附近),风的作用,可使积雪堆积如山,使线路不清,铁路线异物看不到,严重影响铁路行车安全,甚至造成多日断道停运。另外,在温度分布不均匀的地区,白天积雪融化,夜晚温度又在 0℃ 以下时还会结冰,破坏铁路设施,特别是站内设施,如冻坏、冻住道岔,影响列车正常运行,道轨上结的坚硬冰有时还可导致列车出轨。

3.2.2.4 其他天气

冰雹、龙卷等天气,虽然出现的次数较少,但破坏性尤为严重。另外,极端气温对铁路部门的场外作业有一定的影响。

除了灾害性天气外,与铁路运输有影响的主要是视程障碍现象,如大雾、大雨、风沙现象和风雪现象等,使司乘人员无法瞭望,看不清行车信号,看不清线路上是否有异物障碍或行人车辆,影响铁路运输。夏季的雷阵雨天气时,对货场的室外操作和一些防雨物资的防范都有影响,应加以防范。

3.2.3 黑龙江省铁路运输气象条件等级划分

黑龙江省铁路运输的安全运转,从主要效能和时序上划分,可分为预报、警报与灾后的抢险救灾三个阶段。

气象系统主要负责预报阶段,由黑龙江省气象服务中心制作包括所有的铁路干线上天空状况、天气现象和降雨量等气象要素的天气预报,并采用分段预报的方式,以表格、图形等多种形式,通过互联网传输到哈尔滨铁路局防洪指挥中心。同时,通过数值预报产品解释应用等方法,针对铁路服务的特殊性为各铁路区段制作、发布未来 24 h,12 h 天气预报预警。此外,除了日常天气预报以外,对重要天气消息及时通报,每日实时传输卫星云图、雷达回波图、雨量表等资料,以及各旬、月、季度预报和不定时预报服务。这些资料再传输到各工务段负责人,工务段负责人将采取加强值班、节假日不离岗等戒备措施。预报环节的作业有利于基层单位更及时、准确地获得当地的天气预报信息,以获得提前做好在第一时间开展抗灾抢险的准备。

目前将铁路运输气象条件等级划分为四个等级,规定了每一级的名称、危险程度、指数范围、表征颜色及建议(见表 3-1)。

表 3-1 铁路运输气象条件等级的划分

级别	运行状态	危险程度	铁路运输气象条件等级划分	表征颜色	建议
一级	正常运行	低	≤9	蓝	工务巡道;注意瞭望
二级	"注意警戒"运行	中	[10,29]	黄	派员冒雨巡查,直至解除警戒;列车以不超过 60 km/h 速度运行为宜,加强列车瞭望

续表

级别	运行状态	危险程度	铁路运输气象 条件等级划分	表征颜色	建议
三级	"危机警戒"运行	高	[30,49]	橙	加密派员冒雨巡查,直至解除警戒;列车以不超过 40 km/h 速度运行为宜,加强列车瞭望
四级	封锁区间	极高	≥50	红	全员冒雨巡查,直至解除封锁;封锁线路直至封锁解除

3.3　铁路交通专业气象服务体系

3.3.1　建立铁路交通专业气象服务指标体系必要性分析

由于铁路气象服务指标需针对具体路段、天气种类、应对部门分别制定,具有指标数量多、差异大等特点。而且服务指标中信息量较大,信息之间连续性和联系性差,应用效率较低,采用以往的主观记忆和人工判识方法以及通常的文字描述、数字表格、站点信息、曲线图、区域色斑图等气象信息显示方式,都难以实现气象信息的清晰描述和有效应用,需要解决信息的有效应用问题。所以气象规定的天气强度和灾害天气等级标准与天气对铁路交通的影响程度和铁路应对天气影响采取的措施并不相同,因此气象标准不适用于铁路交通气象服务。

研究建立铁路交通气象服务指标,应紧密围绕铁路气象服务需求。

(1)气象规定的天气强度和灾害天气等级,不适用于铁路交通气象服务

为有效应对天气影响,铁路部门根据不同路段的建设标准、历史灾害发生情况以及在使用中的损耗和修缮等情况,建立了较为完善的技术规定。在铁路总公司统一制定的技术规定基础上,各路局和路段还有具体的技术规定。这些规定是铁路部门应对天气影响、保障安全运行的重要依据。由于气象规定的天气强度和灾害等级标准与上述铁路规定并不一致,不利于开展铁路交通气象针对性和专业化服务。

(2)铁路应对天气影响的措施是研究建立指标的重要依据

铁路为减少天气造成的影响、保障列车运行安全,必须尽最大努力对天气影响实施最有效的应对,尤其是要最大限度地避免事故和灾害的发生。即使因天气影响取消车次或造成晚点等,只要未造成设施损毁和人员伤亡,也不列入铁路交通事故或灾害。因此,以往基于天气与事故灾害的统计分析方法,并不适合于研究铁路气象服务指标。而应将铁路应对天气影响的措施作为建立指标的重要依据。

(3)针对铁路行车、调度、供电、工务等各部门,分别研究建立气象服务指标

铁路不同部门应对天气的措施不同,对气象服务的需求也不同,需分别研究建立气象服务指标,才能实现针对性和专业化服务。

(4)针对单一气象因子建立铁路交通气象服务指标

由于铁路行车、调度、供电、工务等各部门,在应对天气影响时,是根据风、雨、雪、温等每种天气及其产生的具体影响,实施应对,铁路交通气象服务指标也应针对单一气象因子和具体部门研究制定,而综合性影响的气象指标在此并不适用。

因此,铁路应对天气影响的措施是研究建立指标的重要依据,由气象条件对铁路行车、调度、供电、工务等各部门的不同影响,来针对各部门分别研究建立气象服务指标。

气象服务指标的建立是全国铁路统一调度和列车远距离、跨区域、高速度运行的需求,对于强化铁路气象服务基础支撑,提高铁路交通气象服务能力具有重要意义。

3.3.2　建立铁路交通专业气象服务指标体系的方法

3.3.2.1　指标建立方法

由于不同的气象因子对铁路行车安全的影响不同,同一种气象因子对铁路不同部门的影响也不同,铁路气象服务指标是由一系列具体的天气和影响对象的单一指标组成。根据天气对铁路行车、路轨、供电等的影响程度,铁路应对天气影响的措施以及气象监测预报能力三个方面,采取逐项判断、一票否决的方法,确定是否建立某一项具体的服务指标。具体方法:天气对铁路有影响为“是”,否则为“否”;铁路针对该天气影响有应对措施为“是”,否则为“否”;对该天气有气象监测预报能力为“是”,否则为“否”。上述三项均为“是”,则建立该指标;有一项及以上为“否”,则不建立该指标。表3-2给出了铁路线路气象服务指标建立情况。

表3-2　铁路线路气象服务指标建立命名事例

天气种类	应对部门	影响因子	应对措施	监测预报	指标建立	指标名称
降雨	行车调度	降雨强度	有	有	是	调度—雨强
	工务	降雨强度	有	有	是	工务—雨强
降雪	行车调度	积雪深度	有	有	是	调度—雪深
	工务	积雪深度	有	有	是	工务—雪深
		积雪性状	有	有	是	工务—雪状
大风	行车调度	侧风风速	有	有	是	调度—侧风
	工务	无	有		否	—
雷电	供电	雷击	有	有	是	供电—雷击
	行车调度	无			否	—
污闪	供电	污闪	有	无	否	—
……						

3.3.2.2　指标分级方法

根据铁路部门应对天气影响的工作特点和要求,将服务指标分为三级,分别对应铁路部门提前预备、实施应对、防范事故灾害的服务需求。其中实施应对指标还可根据铁路部门的需要做进一步的等级划分。表3-3和表3-4分别给出了某高铁路段“调度—侧风”和“调度—降雨”气象服务指标分级和应对指标分级。

表 3-3　高铁路段"调度—侧风"指标分级

指标类别	指示指标	应对指标	应对措施	警示指标
指标等级	12～14.9 m/s	≤14.9 m/s	正常行驶	≥30 m/s(禁入风区)
		15～19.9 m/s	速度≤300 km/h	
		20～24.9 m/s	速度≤200 km/h	
		25～29.9 m/s	限速≤120 km/h	

表 3-4　高铁路段"调度—降雨"指标分级

指标类别	指示指标	应对指标	应对措施	警示指标
指标等级	40 mm/h	45 mm/h	限速≤120 km/h	历史极值或铁路建设标准
		60 mm/h	限速≤45 km/h	

3.3.3　黑龙江省高影响天气对铁路的影响指标体系

指标是指衡量目标(或结果)的单位或方法。指标体系是指若干个相互联系的统计指标所组成的有机体。指标体系的建立是进行预测或评价研究的基础,它是将抽象的研究对象按照其本质属性和特征的某一方面的标识分解成为具有行为化、可操作化的结构,并对指标体系中每一构成元素(即指标)赋予相应权重的过程。

高影响天气对铁路的影响指标体系是指:对铁路(高铁和普铁)防灾、运行、维护等具有显著影响的气象条件、天气种类及与其影响程度相关联的定量化标准,包括风力、降雪、降水等影响指标,以便相关部门根据各指标及早采取防范措施。

3.3.3.1　风力影响指标

在黑龙江地区,高铁、城际列车受风力影响较大,既有线列车基本不受风力影响。大风对铁路运输影响形式主要表现为,高速铁路限速行驶、列车晚点、接触网悬挂异物导致降弓运行、列车停车、支线线路出现异物等(见表 3-5)。

表 3-5　风力影响指标

环境风速(v)	高铁、城际列车防范措施	既有线列车防范措施
v≤15 m/s	/	/
15 m/s＜v≤20 m/s	运行速度≤250 km/h	/
20 m/s＜v≤25 m/s	运行速度≤200 km/h	/
25 m/s＜v≤30 m/s	运行速度≤120 km/h	/
v＞30 m/s	严禁动车组列车进入风区	/

3.3.3.2　降雪影响指标

在黑龙江地区,降雪对铁路运输影响主要表现为,高速铁路限速行驶,列车晚点,道岔夹冰,列车高速行驶过程中车底结冻形成雪块,进入叉区震动,雪块脱落造成电器设备损坏。当有降雪天气出现时,铁路部门以雪为令,积极开展站台、道岔及线路清雪工作(见表 3-6)。

表 3-6 降雪影响指标

积雪深度(r)	高铁、城际列车防范措施	既有线列车防范措施
$r<2.5$ cm	按灾害监测预警系统提示运行	道岔清雪
2.5 cm$\leqslant r<5$ cm	限速 160 km/h	道岔清雪
5 cm$\leqslant r<10$ cm	限速 120 km/h	道岔清雪
$r\geqslant10$ cm	限速 100 km/h 及以下,直至停运	道岔清雪

3.3.3.3　降雨影响指标

在黑龙江地区,强降水对铁路运输影响主要表现为,由强降水诱发的山洪、泥石流、岩溶塌陷等地质灾害。降水影响指标分为 1 h 降水强度影响指标(见表 3-7)和 24 h 累计降水叠加第二天 1 h 降水强度影响指标(见表 3-8)。

表 3-7 不同类别铁路在 1 h 降水强度影响下慢行限速表

铁路类别及环境地理特征		降雨强度(mm/h)和慢行限速(km/h)				
		20～30	30～40	40～50	50～60	≥60
	高铁新建线					
	高铁城际线、既有线改造				120	45
	山洪地质灾害未发区					
通道	山洪地质灾害未发区			80～160	80～120	封锁
	山洪地质灾害未发区		80	60～80	45～60	封锁
	山洪地质灾害未发区					
支线	山洪地质灾害未发区		60～80	25～45	封锁	
	山洪地质灾害未发区	30	45～60	封锁		

表 3-8 不同类别铁路在 24 h＋1 h 累计降水强度影响下慢行限速表

铁路类别及环境地理特征		持续降雨(mm/24 h＋1 h)和慢行限速(km/h)			
		90～100	100～110	110～130	≥130
	高铁新建线				
	高铁城际线、既有线改造	/	/	/	/
	山洪地质灾害未发区				
通道	山洪地质灾害未发区		80	80～120	160
	山洪地质灾害未发区	/	80	80～120	160
	山洪地质灾害未发区				
支线	山洪地质灾害未发区	45～60	60～80		
	山洪地质灾害未发区	30	45～60		

3.3.4　铁路交通专业气象服务指标的实际应用

3.3.4.1　指标内容规范化和信息化

指标内容包括指标名称、含义、等级及划分标准以及铁路类别、路段信息和对应铁路规定等,还可根据实际需要将服务提示等作为指标的可选择性内容。按照规范化和标准化的建设原则,建立完整的铁路交通专业气象服务指标信息库。

3.3.4.2　信息显示沿线一体化

采用铁路沿线一体化图形显示方式,将铁路沿线气象信息和需采取限速措施的路段及对应的限速级别等信息以直观的图形方式显示出来,便于铁路部门快速清楚地了解天气及影响,及时发布调度命令,采取应对措施。采用图形的方式,不仅满足了铁路部门列车统一调度和线路设施统一维护的需求,还可以数十倍提高信息的应用效率。

图 3-1 是哈大高铁沿线风向风速监测信息一体化显示图,图中曲线为铁路沿线风速值,背景彩色区域为风速影响行车等级分级,其中沈阳至沈阳北站区间风速超过 25 m/s,列车应该限速 120 km/h。

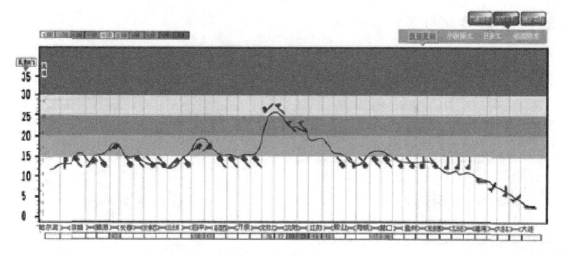

图 3-1　哈大高铁沿线风速监测信息

3.3.4.3　差异化服务指标的应用

由于铁路周边环境、建设标准等差异,在同一条线路的不同路段上,气象指标也可能存在差异,采用图形的方式还可以较好地解决铁路沿线不同气象服务指标的应用问题。图 3-2 中,京哈高铁沿线的列车运行调度指标在秦皇岛至皇姑屯、皇姑屯至兰陵、兰陵至哈尔滨四个路段上是不同的,北京至秦皇岛和兰陵至哈尔滨两个路段没有小时降水量的气象影响指标,其他两个路段的铁路气象指标也有显著差异。以往铁路调度人员在应用气象信息时,首先要了解沿线的全部降水量信息,然后对照各路段的调度运行规定,在发布具体的调度命令,操作流程繁琐耗时,准确性和及时性较差。采用图形方式,四个路段的气象信息和对铁路运行的影响程度指标的调度措施一目了然,应用时高效便捷,有助于列车在灾害天气影响时及时采取限速避险措施,保障列车运行安全。如图所示,山海关 1 h 降水量达到 77 mm,降水量柱的背景为红色,该路段应采取封锁措施。铁岭 1 h 降水量达到 54 mm,降水量柱的背景为橙色,由图上方的限速色标可以看出,列车限速为 45 km/h。

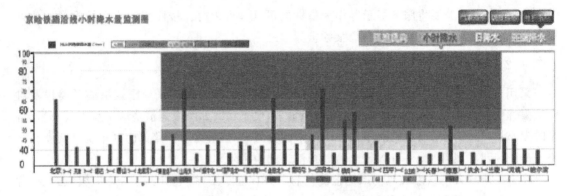

图 3-2　京哈高铁沿线降水量监测信息

3.4　铁路专项服务产品个例

铁路气象服务专题

防汛 I 级应急响应气象服务专题(第八期)

黑龙江省气象服务中心　　　2013 年第 08 期　　　08 月 25 日

一、雨量实况(24 日 05 时-25 日 05 时)

过去 24 小时我省降水主要集中在北部及东部地区,但南部个别乡镇出现了较大降水,像尚志的苇河达到了大雨,而东部的双鸭山、勃利为中雨,其它大部分地区普遍在小雨量级。具体雨量详见降水实况图 1:

图 1
气象信息:黑龙江省24小时降水实况图(单位:毫米)
2013年08月24日05时—08月25日05时

二、未来一周全省及呼盟天气预报

未来一周左右,我省降水天气过程比较频繁,但是降水范围和降水量总体来看还是呈现了减弱趋势。预计,25-26 日、27-29 日、30 日、2-3 日我省共有四次降雨天气过程,其中,25-26 日:我省北部和东部有分散性的阵雨或雷阵雨天气;28 日前后:南部地区有小到中雨,其东南部地区有中到大雨,局部有暴雨;30 日:中东部地区有分散性的阵雨或雷阵雨天气;2-3 日:我省中东部地区有小到中雨天气。未来三天雨量预报详见降雨量预报图:

2013年08月25日08时～26日08时降水量预报图

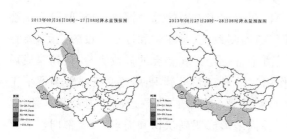

图2　2013年8月25日-28日逐日降雨量预报图

呼盟地区天气预报: 未来一周呼盟地区没有太大的降水,多小雨或阵雨天气,具体预报为:

25日白天至夜间,新巴右旗、新巴左旗、博克图、扎兰屯为阵雨,其它地区为晴;

26日白天至夜间,海拉尔、陈旗、鄂温克、满洲里、新巴右旗、新巴左旗、牙克石为多云有小雨或阵雨,其它地区为多云;

27日白天至夜间,新巴右旗、新巴左旗为阵雨,其它地区为阴或多云;

28日白天至29日夜间,鄂伦春、小二沟、博克图、扎兰屯、莫旗、阿荣旗为阵雨,其它地区为晴或多云;

30日白天至夜间,根河、图里河、鄂伦春、小二沟、博克图、扎兰屯、莫旗、阿荣旗为阴转小雨,其它地区多云;

31日白天至夜间,整个地区为晴好天气。

三、建议

未来一周我省降水依旧频繁,过程较多,现在来看,28日左右的

过程雨量较大,降水主要集中在东南部地区,对南部铁路沿线产生一定影响,建议铁路部门密切关注各沿线天气变化和我们发布的短时预警,及时有效的应对各种灾害性天气,防止险情出现。

制作:杨艳敏　　　　　　　　定稿:闫敏慧

3.5　黑龙江省铁路气象服务展望

从近几年黑龙江省铁路运行情况来看,对省内铁路运行影响最显著的是冰雪与寒冷天气的共同影响,应对冰雪和低温的高铁气象服务成为气象服务的新需求。对高寒气象影响的认识、评估、研究和预报以及高寒时期铁路在运行、调度、管理和决策等方面,应对气象环境和气象灾害的策略等,都将成为黑龙江省铁路气象服务面临的新课题、新任务。

3.5.1　完善铁路气象监测系统

目前,国内已经开通的十余条高速铁路都建设了包括气象监测在内的防灾安全监控系统。而黑龙江省通往大连的哈大高铁线路上也已经开展了防灾安全监控系统建设,包括 156 个现场监控单元、113 个大风监测点、44 个雨量监测点、18 个积雪监测点、23 个地震监测点和 41 处异物侵限监测点。不过从实际情况来看,由于天气影响的复杂性和高铁运营对气象灾害的敏感性,已经建成的高铁防灾安全监测系统仍然不能满足高铁运行的实际需要。还需要铁路与气象部门一同,加快相关研究探讨,提高科学认识水平。尤其在监测站点的布局、监测效果的代表性和准确性以及监测信息与预报预警信息的有效应用等方面,需要对监测系统加以改进和完善。就像从 2012 年 12 月 1 日哈大高铁正式运营开始,截至 2013 年 4 月 10 日,仅一个冬天经历了 33 场降雪天气和长达 5 个月的持续低温天气,最低气温突破零下 40℃。由于以往的铁路气象服务不能满足高铁运营的需要,需要专业的高铁精细化冰雪预报服务产品,与哈大高铁有关部门联合开展了预报服务进行试验,已是势在必行。而对于已经完成建设的铁路,也要通过对气象和铁路现有的监测系统性能、气象监测需求等方面的综合评估,分析监测系统能力不足的原因,探讨解决的方法,尽快完善铁路气象监测系统,对在建和计划建设的铁路,要在总结前期建设和应用经验的基础上,及早对建设方案进行论证和必要的修改完善,使其建成后能更好地在铁路安全运行和防灾减灾中发挥作用。针对铁路运营开展气象条件影响评估工作,即铁路气象灾害影响评估、铁路运行气象环境影响评估和铁路气象观测能力及需求评估。目前,铁路有关部门对评估工作的重要性和必要性尚未形成明确认识和需求,气象部门也需要对现有的技术手段和评估方法等进行提高和完善。

3.5.2　提高专业气象服务能力

铁路运营对气象服务提出新需求的同时,也对我们目前专业气象服务能力提出了新的要求。要适应发展的需要,必须首先解决好我们自己在工作思路、机制体制、业务能力等方面存在的不足和问题。

(1)明确专业气象服务发展思路

长期以来,专业气象服务仍以公众服务产品为主,而交通、电力等重要行业、决策服务需要的专业化服务和深加工产品,既没有先进可靠的技术方法,也没有规范的业务流程,甚至没有必要的业务系统和人员来加工制作。这种现状,不符合中国气象局和黑龙江省气象局关于公共气象服务的发展思路,并已经成为制约专业气象服务发展的瓶颈。若不能从根本上加以改变,就无法真正推动包括高铁在内的专业气象服务的发展。

(2)建立专业气象服务的业务流程

按照中国气象局公共气象服务发展方向和要求,理清专业气象服务发展思路。在此基础上,逐步建立和完善职责明晰、分工合理、运行高效的研发、预报、服务一体化的业务流程,建立并完善相应的业务和服务体系。

(3)强化能力建设和科技支撑

在正确的发展思路指导下,加快开展业务基础、产品研发、业务系统等科技支撑和服务保障能力建设。要认真总结前期相关工作的经验、改进不足。否则,盲目、低水平的开发建设,不仅浪费时间和资金,更会错失发展机遇。要按照产品内容专业化、产品形式直观化、预报时效精细化、灾害预警指标化的思路研发设计服务产品,依托产品和服务能力的提高实现效益的显著增长。

(4)集约化发展趋势

集约化是专业气象服务发展的必然趋势,负责铁路运营的哈尔滨铁路局,也对铁路气象服务提出了一体化的要求。由于受体制、机制和利益等因素的影响,集约化发展基础差、困难多、推进难。对于该项工作,我们还是要提高思想认识,顺应发展需要,以积极的姿态面对,争取发展的主动权。要探索和建立资源效益属地化、研发优势集约化、服务区域联合化的发展新思路,加快能力的发展和效益的提高。通过开展区域联合服务,实现产品统一化、服务一体化。既满足了铁路的气象服务需求,也探索出实现专业气象服务区域集约化发展的新思路。

第 4 章　黑龙江省江河航运气象服务

4.1　黑龙江省主要流域介绍

黑龙江省境内有四条主要江河流域,分别是黑龙江流域、松花江流域、嫩江流域、乌苏里江流域。

4.1.1　黑龙江流域

4.1.1.1　地理位置

黑龙江跨中国、俄罗斯、蒙古三国,全长 4370 km(以海拉尔河为源),流域面积达 184.3 万 km²,为世界第十位,在中国境内的流域面积约占全流域面积的 48%。共有支流约 200 余条,其中较大的有松花江、乌苏里江、结雅河、布列亚河等。

4.1.1.2　气候特点

该流域为季风气候——来自大陆和海洋的风随季节转换。冬季,从西伯利亚来的干冷的空气带来晴朗干燥的天气,伴有强霜。夏季,温暖潮湿的海风为主,带来大雨从而提高该流域及其主要支流的水位。秋季温暖而干爽。1 月平均气温南部为 −24℃(−11 ℉),北部为 −33℃(−27 ℉)。7 月平均气温南部(海兰泡)为 21℃(70 ℉),北部约为 18℃(64 ℉)。该流域降水量不平衡,沿海地带最大,每年在 600~900 mm。

4.1.1.3　航运特征

河流主要靠夏秋降落的季风雨补给。雨水很快流入河中,形成 5—10 月的洪涝期。10 月下半月黑龙江开始结冰。上游在 11 月初封冻,下游在 11 月下半月封冻。河流下游在 4 月底解冻,上游在 5 月初解冻。冰塞常在河流急湾处发生,暂时抬高水位多达 15 m(50 尺)。河流一年约带来 2000 万 t 沉淀物。

4.1.2　松花江流域

4.1.2.1　地理位置

松花江是黑龙江最大的支流。全长 1900 km,流域面积 54.56 万 km²,超过珠江流域面积,占东北三省总面积的 69.32%。径流总量 759 亿 m³,超过了黄河的径流总量。松花江流域范围内山岭重叠,满布原始森林,蓄积在大兴安岭、小兴安岭、长白山等山脉上的木材,总计 10 亿 m³,是中国面积最大的森林区。矿产蕴藏量亦极丰富,除主要的煤外,还有金、铜、铁等。

4.1.2.2　气候特点

松花江流域地处北温带季风气候区,大陆性气候特点非常明显,冬季寒冷漫长,夏季炎热多雨,春季干燥多风,秋季很短,年内温差较大,多年平均气温在 3～5℃,年内 7 月温度最高,日平均气温可达 20～25℃,最高曾达 40℃以上;1 月温度最低,月平均气温−20℃以下,最低气温嫩江扎兰屯附近曾达−42.6℃。多年平均降水量一般在 500 mm 左右,东南部山区降水可达 700～900 mm,而干旱的流域西部地区只有 400 mm,总的趋势是山丘区大,平原区小;南部、中部稍大,东部次之,西部、北部最小。汛期 6—9 月的降水量占全年的 60%～80%,冬季12 月至次年 2 月的降水量仅为全年的 5%左右。

4.1.2.3　航运特征

松花江通航里程 1447 km。齐齐哈尔、吉林以下可通航汽轮;哈尔滨以下可通航千吨江轮;支流牡丹江、通肯河,以及齐齐哈尔市至嫩江县的嫩江河段均可通航木船。11 月上旬松花江开始结冰。上游在 11 月末封冻,下游在 12 月初封冻。河流下游在 4 月上、中旬解冻,上游在 3 月下旬和 4 月上旬解冻。通航期为 4 月中旬至 11 月上旬。

4.1.3　嫩江流域

4.1.3.1　地理位置

嫩江是松花江最大支流,嫩江位于中国黑龙江省中西部。嫩江为松花江北源之一,发源于大兴安岭伊勒呼里山南坡,由北向南流经黑河市、大兴安岭地区、嫩江县、讷河市、富裕县、齐齐哈尔市、大庆市等市(县、区),在肇源县三岔河附近与西流松花江汇合后,流入松花江干流,河道全长 1370 km,流域面积 29.7 万 km²。

4.1.3.2　气候特点

嫩江流域属寒温带半湿润大陆性气候,冬季长而寒冷,夏季短而多雨,年平均气温 2～4℃,历年最低气温−39.5℃,最高气温达 40.1℃。冬季嫩江冰封期达 150 d 左右,冰厚 1 m 左右。

4.1.3.3　航运特征

黑龙江省泰来县江桥以下,可通航。年结冰期 4～5 个月。冬季冰封,封冻期一般在 10 月中、下旬流凌,11 月封冻,开冻约在次年 3 月中、下旬。

4.1.4　乌苏里江流域

4.1.4.1　地理位置

乌苏里江是中国黑龙江支流,中国与俄罗斯的界河。上游由乌拉河和道比河汇合而成。两河均发源于锡霍特山脉西南坡,东北流到哈巴罗夫斯克(伯力)与黑龙江汇合。长 909 km,流域面积 187000 km²。江面宽阔,水流缓慢。主要支流有松阿察河、穆棱河、挠力河等。

4.1.4.2　气候特点

乌苏里江流域春季(3—5 月)易发生春旱和大风,气温回升快而且变化无常,升温或降温一次可达 10℃ 左右。平均季降水量 50～80 mm,仅占全年的 15％ 左右。夏季(6—8 月)炎热,湿润多雨。7 月平均气温 19～20℃,最高气温达 38℃。平均降水量 200～400 mm,占全年的60％～70％。由于降水集中,间有暴雨,易发生洪涝灾害。

4.1.4.3　航运特征

乌苏里江有 5 个月左右封冻期,每年 4 月上旬流凌,到 11 月中、下旬封冻,畅流期大约在 6个月左右,乌拉河口以下可通航。乌苏里江渔产丰富,而且因江面宽阔,水流平稳,便于航运,是中国仅有的几条未被污染的江河之一。

4.2　黑龙江省江河航运主要气象灾害

随着社会的进步,经济的快速发展,黑龙江省航道建设的不断发展使得客货运输日益繁忙,但恶劣天气出现对船舶航运会带来极大的威胁。如江河沿线大雾、低能见度、大风、暴雨等灾害性天气发生时,会给航运安全带来极大威胁,大风、大雾、暴雨等气象灾害会造成船舶受损、相撞翻覆、货物进水受损等事故。另外,江河在冬春、秋冬季节有流凌期,对行船威胁很大。影响黑龙江省江河航运主要的灾害性天气有下面几种。

(1)大风:风力和风向对航运都有影响。当风力增大到 6～7 级时,容易出现沉船事故,如遇突发性的雷雨大风,更易发生恶性事故。在航线方向上,当风向侧吹时,风力达到 5 级或以上时就会使船舱进水导致翻船、沉船事故。

(2)强降水:降水对航运的影响有四个方面:

1)影响视程,降水天气,使能见度降低,容易出现船舶相撞、触礁等事故;

2)下雨甲板打滑,易出现落水等事故;

3)有些货物受潮后损船,例如散装黄豆、玉米等粮食受潮后膨胀挤破船舱沉入水中;

4)雨大苫盖不严船舱进水使船沉没。

(3)低能见度:大雾、降水、大风沙尘飞扬等各种原因引起的恶劣能见度对航运有较大的影响,如能见度小于 300 m 时,容易发生相撞、触礁等水上交通事故。

(4)高温、低温:高温天气人易中暑,影响航行操作,同时易燃物品可能发生火灾或爆炸事故。低温时常出现霜冻或薄冰,甲板打滑易造成落水或误操作碰撞等事故。遇到连续低温,可使河港封冻,不仅影响水上航运和渔业生产,还会危及被困船民的生命财产安全。

(5)凌汛:俗称冰排,是冰凌对水流产生阻力而引起的江河水位明显上涨的水文现象。冰凌有时可以聚集成冰塞或冰坝,造成水位大幅度地抬高,最终漫滩或决堤,称为凌洪。在冬季的封河期和春季的开河期都有可能发生凌汛。中国北方的大河,如黄河、黑龙江、松花江,容易发生凌汛,会给航运带来极大的不利影响。

4.3 江河流凌预报技术服务指南

4.3.1 江河流凌概述

4.3.1.1 流凌定义

北方的江河流域在春季和秋冬季节都会出现流凌。所谓的流凌,是一个复杂热量交换过程,不但受到气象与水文因子的影响,还受大气与江水的热交换过程的影响。而热量交换过程又与大气的升、降温强度和持续时间有关,要经过 2~3 个月左右反复变化,才能使江河的水温从平均±20℃左右升(降)到 0.2℃。当秋冬季节日最低气温降到−10℃以下,江河流域的水温降到 0.2℃左右时,江面有冰花出现,定为秋冬流凌。而当春季日最低气温回升到 0℃以上时,江冰水的温度升到 0.2℃左右时,江面冰层裂开,形成大量的冰排顺流而下,定义为春季开江流凌。

4.3.1.2 流凌的气候特征

黑龙江省境内的主要四条江河流域每年都有畅流期和封冻期。过渡季节将出现流凌,每年出现两次流凌。一次是出现在春天,天气回暖,大地解冻,冰层融化,当日最高气温回升到 0℃以上,并且持续数日后,江面的冰层断裂,形成大块大块的冰排顺着水流向下游移动,形成春季流凌,流凌一般持续 5~7 d。当春季流凌出现,几天后冰排全部化开,江河就正式开江了,开始进入一年当中的畅流期。另一次是出现在秋冬季节。当气温下降,日平均气温降到负值以下,并且持续 7~10 d,江面上出现结冰,如果这时有升温过程,冰层出现断裂,形成大量的冰排,冰排顺流而下,形成秋季流凌。流凌持续时间一周左右。如果气温继续下降,江面封冻,开始进入一年的封冻期。

4.3.1.3 开江形式:文开江、武开江

北方江河流域出现流凌,一般持续 5~7 d,冰排融化后,就标志着开江了。开江有文开江和武开江。文开江和武开江是北方大江化冻时冰水共流时自然现象。文开江是冰块慢慢自行溶解,跑起的冰排是一块追逐着一块,静静地顺流而下,几天时间冰排全部化开,标志着已经开江。

武开江则是出现强升温和西南或偏南大风出现时,江冰在外力的作用下突然开裂,江面上在一夜之间跑起冰排,气势磅礴,冰排之间相互撞击,隆隆作响,气吞山河,像万马奔腾。冰块之间激烈冲撞,时而冲天而起,时而冲击上岸卷起片片泥沙,非常的壮观,是难得一见的景观!

4.3.1.4 文开江和武开江成因和不同之处

文开江成因主要是气温缓慢上升,水流涨势较慢,能够畅通地在冰下流动,冰慢慢地融化和断裂,不会大规模冰上冰下同时流动。江面没有被冰造成严重阻塞。所以叫文开江。武开江主要原因是气温回升速度过快,水流涨势很快,水大量溢出冰面,冰在水的冲击下,逐渐挤压堆积在江面上,造成江面堵塞。堵塞到一个临界点时,大量的冰和水溃塌,形成非常壮观的武开江。但是武开江的现象极少出现。

文开江和武开江,还有以下几点不同之处。

(1)现象不同。文开江属于非常温和的冰水共流,偶有冰和冰的摩擦和碰撞,但是不会堆积阻塞河道。武开江大量的冰堆积河道,在水的冲击下排山倒海般往下倾泻,同时又会造成更多的冰堆积,会有更猛烈的倾泻。冰水倾泻时轰鸣声很大,所到之处摧枯拉朽。

(2)发生频率不一样。一般年份都是文开江。武开江现象极少。乌苏里江已经30年都是文开江。

(3)造成危害不一样。文开江几乎不会造成大的危害。但是武开江会造成江里的船只损毁。甚至会造成观景人员的伤亡。江边的渔民一般在封冻前将渔船全部上岸,避免损失。黑龙江省境内有四大主要流域,航运事业正在蓬勃发展,为了确保安全航运,黑龙江省的安全水上航运越来越依赖于航运气象。

4.3.2　秋季流凌预报技术方法

黑龙江省地处北疆,江河通航期短,水上运输季节性很强,充分利用通航期是航道部门从事江河运输的关键。在江河封冻之前,江面有一段流冰时期,这段时间较短,但对行船威胁很大,流冰的开始日期叫流凌日,简称为流凌。秋季流凌开始前,航道部门要确保把所有船只收回船坞,因此流凌开始日期是航道部门最为关注的。从20世纪80年代开始,黑龙江省气象服务中心就为黑龙江省航运局承担气象服务任务,流凌预报成为最重要的服务内容。

松花江是黑龙江省内最长的江,占据重要的地理位置,担负着全省主要的水上运输任务,年货运量占总任务的一半以上。每年从春季开江到秋季封江,松花江约有200 d左右的畅流期,其他时间为封冰期。每年从10月初到11月出现流凌,黑龙江省气象服务中心都要为航运局、航道局提供流凌的长期趋势预报和跟踪预报订正。经过近40年的航运气象服务工作,气象专业技术人员已经积累了丰富的航运气象预报经验,总结和凝练了较为成熟的预报技术方法。

这里我们采用2010—2014年10月下旬和11月上旬平均气温和11月1—25日日平均气温、最低气温、最高气温和天气图资料,对松花江流凌天气气候特征进行了分析,并探讨了出现流凌发生的气候特点和环流形势特点,总结出松花江流凌的三种天气学模型:超极地路径型,西方路径型,西北路径型。得出了流凌出现的平均日期以及对流凌预报有用的一些预报指标。同时还利用实测资料和天气图资料,对2010—2014年黑龙江省流凌的出现的气候特征以及冷空气路径强度进行了分析,得出了流凌发生的冷空气强度预报判据。

4.3.2.1　松花江段哈尔滨站秋季流凌气候特征

(1)流凌的标准

流凌的过程是一个复杂的过程,不但受到气象与水文因子的影响,还受大气与江水的热交换过程的影响。而热量交换过程又与大气的升、降温强度和持续时间有关,要经过2～3个月的反复,才能使江河的水温从平均20℃左右下降到0.2℃。当日平均气温在−10℃以下,水温在0.2℃左右时,江面有冰花出现,定为流凌。

(2)流凌平均日期

1961—2010年,松花江哈尔滨段的流凌平均日期为每年的11月10日,但在全球气候变暖的背景下,松花江哈尔滨段的流凌趋势也发生了变化。2010—2014年松花江哈尔滨段的流凌日期最早出现在 11 月 15 日,最晚出现在 11 月 20 日,流凌出现的平均日期明显拖后了。

　　(3)流凌早、晚的划分及特征量

　　把比流凌平均值晚 2~4 d 定为流凌偏晚,比流凌平均值早 2~4 d 定为偏早,比流凌平均值晚 5 d 以上定为流凌特晚,比流凌平均值早 5 d 以上定为流凌特早(表 4-1)。

表 4-1　　2010—2014 年松花江流凌开始日特征量

流凌最早日	11 月 15 日
流凌最晚日	11 月 20 日
流凌方差	5~7 d

4.3.2.2　流凌与大气环流关系的探讨

　　全球的气候变化与大气环流有关。实践证明流凌早、晚也与大气环流有关,而直接影响欧亚大气环流和我国的天气变化主要是由副热带高压、极涡、东亚大槽等主要系统的位移、强度变化而造成的。下面分析流凌与副热带高压(简称"副高")北界、极涡、500 hPa 距平的关系。

　　(1)流凌早、晚与副高北界的关系

　　副高是影响我国天气变化的主要系统之一,副高偏北、偏南对我国的天气影响截然不同。副高偏北我国大部地区多受暖高压控制,天气晴朗,气温偏高,相应流凌偏晚的年份较多。副高偏南,说明中高纬度冷空气活动频繁,多降温天气过程相应流凌偏早的年份较多。经统计得出:流凌早、晚与 8—10 月副高北界平均位置有关。流凌早年比流凌晚年副高北界月平均偏南 4~6 个纬距。流凌早年副高北界平均在 24°—29°N。流凌偏晚副高北界平均在 30°—34°N(见表 4-2)。

表 4-2　　流凌早、晚年副高北界的位置

	8 月	9 月	10 月
流凌早年副高北界	30°—34°N	25°—30°N	18°—23°N
流凌晚年副高北界	35°—40°N	31°—34°N	24°—28°N

　　(2)流凌早、晚与极涡的关系

　　把流凌早年、晚年与各月极涡的位置、半径进行了统计分析得出:流凌早年、晚年与 10—11 月的极涡位置和极涡半径有关。流凌早年 10 月极涡在欧亚一侧较多,流凌晚年 11 月的极涡在亚洲一侧的较多。流凌早年极涡半径大于流凌晚年的极涡半径。说明流凌早年比流凌晚年冷空气南下明显,而且冷空气影响欧亚的时间要早。为了进一步分析 10—12 月 500 hPa 极涡的逐日位置,首先对极涡经常活动区域进行了统计。分第一区为新地岛、太梅尔半岛。极涡在这个区域的天数占 53%,其中太梅尔半岛占 43%。第二区为美洲、格陵兰。极涡在这个区域的天数占 19%。第三个区为极地。极涡在这个区域的天数占 23%。第四个区为欧洲。极涡在这个区域的天数占 5%。结果表明:10—11 月极涡在新地岛、太梅尔半岛的天数最多,极地次之,欧洲最少。极涡在新地岛、太梅尔半岛最多,恰恰是影响我国秋季降温的主要天气形势之一。由于极涡是极深厚的天气系统,比较稳定,移动缓慢,它所造成的天气影响,具有持续性、阶段性的特点。所以,当秋季极涡一旦过早移入新地岛、太梅尔半岛。我国北方就多大风、降温的天气过程。此时秋天就来得早,气温较低,流凌也早。如果秋季极涡多在美洲、极地、格陵兰或是极涡分裂成两个,一个偏向欧洲,一个偏向堪察加半岛,此时欧亚环流平直,锋区偏

北,中高纬多暖空气活动,一般流凌偏晚。

（3）流凌早、晚与 500 hPa 距平场关系

把流凌早、晚年与 500 hPa 距平场,分别叠加平均,再进行分析认为:流凌早年,8—11 月从贝加尔湖到亚洲东岸为负距平,表明东亚多低槽活动。流凌晚年为正距平,东亚多高脊活动。其中 10—11 月流凌早与流凌晚年 500 hPa 距平场强度、范围差异更大。为了清楚起见,用 500 hPa n 月的距平差值表示流凌早、晚的差异。差值越大,流凌早、晚与 500 hPa 距平差异就越明显。

以上是流凌气候分析,接下来我们对 2010—2014 年流凌期间的气象资料进行分析,发现影响流凌封冻的因素主要是热力因素,即温度变化。气温的升降变化对流凌出现的早晚影响很大。

4.3.2.3　气温下降是导致流凌发生最直接的气象因素变化,流凌出现的冷空气模型

流凌的产生与气温下降有密切的关系,而气温的下降都是在一定的大尺度环流背景下,根据流凌发生前后的天气学条件,致使松花江哈尔滨段出现流凌,带来降温的冷空气可分为三种类型。

（1）超极地路径型

天气形势

亚洲东部环流形势为两槽一脊型,而且比较稳定。高压脊位于 100°—120°E,脊前有横槽,槽线或冷涡后部的横槽槽线位于 50°N 附近。在 130°E 附近为高压脊前偏北气流,由 60°E 伸向 120°E 或更东,同时高压脊线位于 55°N（大兴安岭以北）有一冷中心,等温线形成东—西向锋区,冷空气沿着脊前西北气流由北向南侵袭,锋区由北向东南移动。

地面形势表现为,在 120°—125°E、55°N（大兴安岭以北）有闭合的高压,其由北向南移动,高压的闭合线陆续移过并控制黑龙江省大部,在黑龙江省内形成一个高压带,或者有完整的高压环流。

　预报着眼点

1）两槽一脊型稳定,高压脊前偏北气流必须位于 120°E 附近。

2）脊前的北部必须有一冷中心。

3）大兴安岭以北有闭合的高压,数值预报地面场预报其由北向南移动。

4）超极地来的地面高压南移速度快,高压控制时气温迅速下降。由于冷气团鲜冷,不变性,同时高压控制天气晴,风小,所以预报 700 hPa 低于 −24℃ 以下作为流凌的预报指标。

（2）西方路径型

天气形势

亚洲东部环流形势有一定的经向度,贝加尔湖到河套以西有一深冷槽（或低涡）,槽线从 50°N 一直伸向近 35°N,其不分股,整体向东移动槽前配合东北—西南向的斜锋区,700 hPa 冷中心至少低于 −24℃,黑龙江省为弱暖脊控制时低值系统分为两种形势东移:1）冷槽（没形成冷涡或无闭合线）东移,降水之后,处在高压控制,风小,当冷空气强度和辐射因子达到一定配合时降温明显;2）冷槽东移进黑龙江省内时切断形成东北冷涡,有时控制 2 d,有时形成涡 3 d,冷涡控制时有云或降水,风大降温幅度不大,当冷涡即将移出,天气转晴,风小受高压控制或等压线稀疏,才能出现明显的降温。第一种形势下地面形势表现为庞大的蒙古高压向东南方向移动,产生降水的强低压在黑龙江省 1 d 左右后移出,转为高压前部控制,然后等压线变成稀

疏或转为高压控制时气温迅速下降。第二种形势之下地面形势表现为庞大的蒙古高压向东南方向移动,产生降水的强低压在黑龙江省 3 d 左右后移出,转为高压前部控制,然后等压线变成稀疏或转为高压控制时将出现气温显著下降。冷涡比冷槽出现的流凌晚。西方路径型是最为常见型,形成流凌的低温时段要长。

预报着眼点

1)西来的深冷槽不能分股,冷槽随主体冷空气一起东移。

2)西来冷槽必须是深冷槽,700 hPa 冷中心强度必须低于−24℃并持续 3～4 d。

3)冷空气移入时有降水或多云,风力大降温不显著,即将移出时气温下降明显。

4)冷空气即将移出,虽然高空开始升温,但由于辐射条件好,且基础温度值低,气温下降滞后,流凌往往就在这时产生。

(3)西北路径型

天气形势

亚洲东部环流形势较平直,贝加尔湖到河套以西有一浅冷槽(或低涡),槽线从 80°—100°E、60°—50°N,东西向锋区在 60°—115°E、45°—55°N 之间。第一种情况,冷槽东移到黑龙江省时加强,加深转为西方路径型;第二种情况,冷槽沿平直锋区东移不加强,快速东移,冷槽将移出时,降水之后,处在高压控制,风小,当冷空气强度和辐射因子达到一定配合时降温幅度大。

预报着眼点

1)西来冷槽必须是深冷槽,700 hPa 冷中心强度必须低于−24℃。

2)冷空气移入时有降水或多云,风力小降温不显著,转为晴天后降温幅度大。

3)冷空气即将移出,虽然高空开始升温,但由于辐射条件好,且基础温度值低,气温下降迅速,可出现流凌。

(4)影响气温的因子

辐射因子对气温的影响(云和降水):

1)一般情况下,有云和降水时降温幅度不显著;

2)风:风力大不易降温,如果风力大于 5 级,且冷空气不强时降温不明显;

3)冷高压:高压中心控制时,大多数风小或静风,天空状况以晴为主,综合辐射条件有利于降温,极易出现明显降温。对于北来高压中心控制时有一定强度的冷空气即可出现明显降温。高压前部控制时由于有一定风力,所以冷空气带来的降温幅度并不强。

相对湿度因子对降温的影响:

通过资料分析,近地面层的相对湿度的大小对气温有一定影响,当早晨相对湿度大时,850 hPa 08 时的相对湿度大于 80%时降温幅度不大。

4.3.2.4 气温下降导致流凌的出现

流凌的出现与气温下降有密切的关系,所以准确做好流凌预报就必须准确地做好气温预报,以上我们已经阐述降温的几种天气学模型。当气温下降,作用水面,使得水温逐渐下降。由于水的热容量大,江水水温下降要比空气温度下降有滞后性,经过多次反复降温后,江水温度才会降到接近零度。当江水温度达到 0.2℃ 左右时,江面上开始出现冰花,即开始出现流凌。而表征气温变化的气象因素很多,下面我们研究流凌的出现与 10 月下旬和 11 月上旬平均气温、日平均气温、最低气温、最高气温的关系。

（1）流凌与 10 月下旬 11 月上旬平均气温的关系

表 4-3　2010—2014 年哈尔滨市 10—11 月旬平均气温、最低气温极值及流凌日期

	2010 年	2011 年	2012 年	2013 年	2014 年
10 月下旬平均气温（℃）	3.5	6.9	2.9	4.4	3.0
11 月上旬平均气温（℃）	0.0	3.7	−0.5	2.7	2.0
最低气温极值（℃）	−15.7	−14.3	−15.1	−14.1	−14.6
流凌日期（11 月）	15 日	20 日	19 日	17 日	15 日

从表 4-3 中 2010—2014 年哈尔滨 10 月下旬和 11 月上旬的平均气温情况看，在流凌偏晚的 2011 年和 2013 年，10 月下旬和 11 月上旬的平均气温比常年偏高，而在流凌略偏晚的 2010 年和 2014 年，10 月下旬和 11 月上旬的平均气温接近常年或略偏高，因此，10 月下旬和 11 月上旬的平均气温是预测流凌趋势早晚很好的预报指标。

（2）流凌与日平均气温的关系

从 2010 年 11 月 1—25 日日平均气温变化曲线和流凌日期（图 4-1）来看：2010 年 11 月 8 日日平均气温进入负值并稳定维持，到 14 日松花江哈尔滨段开始出现流凌，日平均气温在负值持续了 7 d。

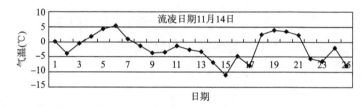

图 4-1　2010 年 11 月 1—25 日平均气温变化曲线图

2011 年 11 月 13 日日平均气温进入负值并稳定维持，到 20 日松花江哈尔滨段开始出现流凌，日平均气温在负值持续了 8 d（图 4-2）。

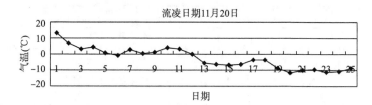

图 4-2　2011 年 11 月 1—25 日平均气温变化曲线图

2012 年 11 月 13 日日平均气温进入负值并稳定维持，到 19 日松花江哈尔滨段开始出现流凌，日平均气温在负值持续了 7 d（图 4-3）。

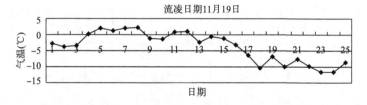

图 4-3　2012 年 11 月 1—25 日平均气温变化曲线图

2013 年 11 月 7 日日平均气温进入负值,从 7 日到 17 日期间共有 7 d 日平均气温为负值,到 17 日松花江哈尔滨段开始出现流凌,日平均气温为负值持续了 7 d(图 4-4)。

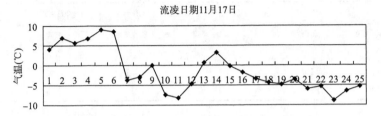

图 4-4 2013 年 11 月 1—25 日平均气温变化曲线图

2014 年 11 月 3 日日平均气温进入负值,11 月 3—15 日期间,共有 7 d 日平均气温为负值,到 15 日松花江哈尔滨段开始出现流凌,日平均气温为负值持续了 7 d(图 4-5)。

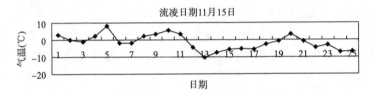

图 4-5 2014 年 11 月 1—25 日平均气温变化曲线图

由以上分析得:进入 11 月后日平均气温为负值累计天数达到 7~8 d,松花江哈尔滨段开始出现流凌。

(3)流凌与最低气温关系

2010 年 11 月 1—15 日,最低气温降到 −5℃ 或以下,持续 7 d,到 15 日最低气温降到 −10.3℃,松花江哈尔滨段开始出现流凌(图 4-6)。

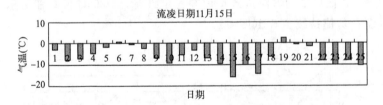

图 4-6 2010 年 11 月 1—25 日最低气温变化曲线图

2011 年 11 月 1—20 日,最低气温降到 −5℃ 或以下,持续 7 d,到 20 日最低气温降到 −14.3℃,松花江哈尔滨段开始出现流凌(图 4-7)。

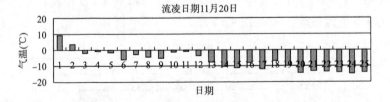

图 4-7 2011 年 11 月 1—25 日最低气温变化曲线图

2012 年 11 月 1—19 日,最低气温降到 −5℃ 或以下,持续 7 d,到 19 日最低气温降到

－7.9℃,松花江哈尔滨段开始出现流凌(图 4-8)。

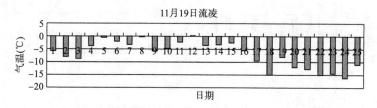

图 4-8　2012 年 11 月 1—25 日最低气温变化曲线图

2013 年 11 月 1—17 日,最低气温降到－5℃或以下,持续 7 d,到 17 日最低气温降到－15.1℃,松花江哈尔滨段开始出现流凌(图 4-9)。

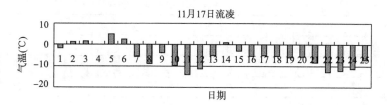

图 4-9　2013 年 11 月 1—25 日最低气温变化曲线图

2014 年 11 月 1—15 日,最低气温降到－5℃或以下,持续 6 d,到 15 日最低气温降到－11.4℃,松花江哈尔滨段开始出现流凌(图 4-10)。

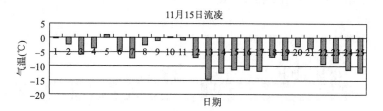

图 4-10　2014 年 11 月 1—25 日最低气温变化曲线图

根据以上分析得出:2010—2014 年进入 11 月后,气温逐渐下降,当最低气温降到－5℃或以下持续 6~7 d,最低气温降到－10℃以下,松花江哈尔滨段开始出现流凌。

(4)流凌与最高气温关系

2010 年 11 月 1—15 日,最高气温降到 0℃以下的天数为 5 d,到 15 日最高气温降到－7.8℃,松花江哈尔滨段开始出现流凌(图 4-11)。

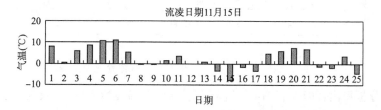

图 4-11　2010 年 11 月 1—25 日最高气温变化曲线图

2011 年 11 月 1—20 日,最高气温降到 0℃以下的天数为 6 d,到 20 日最高气温降到－9.3℃,松花江哈尔滨段开始出现流凌(图 4-12)。

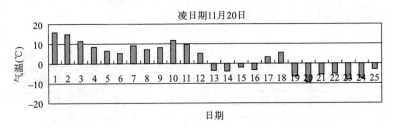

图 4-12　2011 年 11 月 1—25 日最高气温变化曲线图

　　2012 年 11 月 1—19 日,最高气温降到 0℃ 以下的天数为 4 d,到 19 日最高气温降到 −4.9℃,松花江哈尔滨段开始出现流凌(图 4-13)。

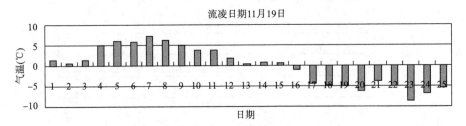

图 4-13　2012 年 11 月 1—25 日最高气温变化曲线图

　　2013 年 11 月 1—17 日,最高气温降到 0℃ 以下的天数为 3 d,到 19 日最高气温降到 −0.7℃,松花江哈尔滨段开始出现流凌(图 4-14)。

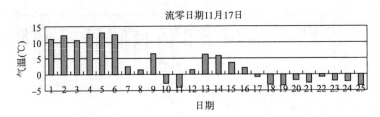

图 4-14　2013 年 11 月 1—25 日最高气温变化曲线图

　　2014 年 11 月 1—15 日,最高气温降到 0℃ 度以下,持续 3 d,到 15 日最高气温降到 2.7℃,松花江哈尔滨段开始出现流凌(图 4-15)。

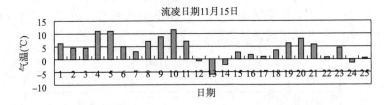

图 4-15　2014 年 11 月 1—25 日最高气温变化曲线图

　　根据以上分析得出:2010—2014 年进入 11 月后,气温逐渐下降,当最高气温降到 0℃ 以下的天数 3～6 d,松花江哈尔滨段开始出现流凌。

4.3.2.5　松花江哈尔滨段秋季流凌预报

　　秋季流凌预报首先是一种气温临界值的预报。因此,所有影响气温的气象要素和因子都会影响流凌的出现,如冷空气强度、天空状况(云和降水)、风和地形等。高空温度值和冷空气路径可以表征冷空气的强度;云、降水风和地形通过影响太阳辐射影响气温变化;而地面高压的位置和路径则是综合表征冷空气强度和太阳辐射的因子。由于水的热容量大,水温下降要滞后于空气温度,所以,还要综合考虑气象因子和降温的持续时间。

4.3.2.6　冷空气强度对流凌的影响

冷空气达到一定强度并持续影响时,不管什么样的路径和辐射条件都可出现流凌。据统计和经验,当上空 700 hPa 的温度低于 $-24℃$ 并持续时,出现流凌。随着温度变高,对高压路径和地面辐射的要求越来越苛刻。当上空 700 hPa 的温度为 $-(16\sim20)℃$ 时出现流凌的可能性非常小。

4.3.2.7　流凌预报方法研究总结

(1)流凌早、晚年与 8—10 月副高北界平均位置有关。流凌早年比流凌晚年副高北界月平均偏南 4～6 个纬距。流凌早年副高北界平均在 $24°—29°N$。流凌偏晚副高北界平均在 $30°—34°N$。

(2)流凌早年、晚年与 10—11 月的极涡位置和极涡半径有关。流凌早年 10 月极涡在欧亚一侧较多,流凌晚年 11 月的极涡在亚洲一侧的较多。流凌早年的极涡半径大于流凌晚年的极涡半径。

(3)流凌早年,8—11 月从贝加尔湖到亚洲东岸为负距平,表明东亚多低槽活动。流凌晚年为正距平,东亚多高脊活动。

(4)在流凌晚年,10 月下旬和 11 月上旬的平均气温比常年偏高,而在流凌略偏晚,10 月下旬和 11 月上旬的平均气温接近常年或略偏高,因此,10 月下旬和 11 月上旬的平均气温是预测流凌趋势早晚很好的预报指标。

(5)超极地路径型冷空气和西北路径型冷空气带来的降温幅度大,降温作用明显,当冷空气达到流凌的温度指标 700 hPa 低于 $-24℃$ 并持续影响时,流凌一定出现,但西方路径型冷空气,一般强度弱,流凌预报难度较大。因此西来冷槽必须是深冷槽,其强度达到流凌温度预报指标 700 hPa 冷中心强度必须低于 $-24℃$ 并持续 3～5 d,流凌才出现。

(6)当气温下降,作用到江水。江水温度下降到 0.2℃ 时,江面才能出现流凌,江面水温的下降要滞后于空气温度,因此流凌指标的预报要综合考虑气象因子的变化。

1)2010—2014 年进入 11 月后,日平均气温为负值累计天数达到 7～8 d,松花江哈尔滨段开始出现流凌。

2)2010—2014 年进入 11 月后,气温逐渐下降,当最低气温降到 $-5℃$ 或以下持续 6～7 d,最低气温降到 $-10℃$ 以下,松花江哈尔滨段开始出现流凌。

3)2010—2014 年进入 11 月后,气温逐渐下降,当最高气温降到 0℃ 以下的天数 3～6 d,松花江哈尔滨段开始出现流凌。

4.3.3　春季流凌开江预报方法

松花江水上运输季节性很强,每年从春季开江到秋季封江,约有 200 d 左右的畅流期,其他时间为封冰期。在江河解冻开江之前,江面有一段流冰时期,流冰的开始日期叫流凌日,简称为流凌。每年的 3 月初,黑龙江省气象服务中心都要为航运局、航道局提供流凌的长期趋势预报。一方面为用户提早地利用畅流期,另一方面还要避免开江时凌汛险情发生,因此做好江河流域的流凌预报十分重要。

我们采用 2013—2017 年 3 月下旬和 4 月上旬平均气温和 3—4 月日平均气温、最低气温、最高气温和天气图资料,对松花江流凌天气气候特征进行了分析,并探讨了出现流凌发生的气候特点和环流形势特点,总结出松花江流凌的三种天气学模型:强暖空气带来的升温天气形势,偏南大风或西南大风天气形势,降雨天气形势。得出了流凌出现的平均日期以及对流凌预报有用的一些预报指标,对今后做流凌预报业务有很实用的参考作用。同时还利用实测资料和天气图资料,对 2013—2017 年黑龙江省流凌的出现的气候特征以及暖空气路径强度进行了分析,给出了流凌发生的暖空气强度和一些对预报有用的判据。

4.3.3.1 松花江段哈尔滨站春季流凌气候特征

(1)流凌的标准

流凌的过程是一个复杂的过程,不但受到气象与水文因子的影响,还受大气与江水的热交换过程的影响。而热量交换过程又与大气的升、降温强度和持续时间有关,要经过 2~3 个月左右反复,才能使江河的水温从平均 −20℃ 左右回升到 0.2℃。当日平均气温回升到 0℃ 以上,水温在 0.2℃ 左右时,江面有冰花出现,定为春季流凌,流凌持续时间为 5~7 d,当冰排完全融化,就标志着开江了。

(2)流凌平均日期

1961—2010 年,松花江哈尔滨段的春季流凌平均日期为每年的 4 月 9 日,但在全球气候变暖的背景下,松花江哈尔滨段的流凌趋势也发生了变化。2013—2017 年松花江哈尔滨段的春季流凌日期最早的出现在 3 月 28 日,最晚出现在 4 月 16 日,流凌出现的平均日期偏早的年份较多,偏晚的年份出现的较少。

(3)流凌早、晚的划分及特征量

把比流凌平均日期晚 2~4 d 定为流凌偏晚,比流凌平均值早 2~4 d 定为偏早,比流凌平均值晚 5 d 以上定为流凌特晚,比流凌平均值早 5 d 以上定为流凌特早(见表 4-4)。

表 4-4　2013—2017 年松花江春季流凌开始日特征量

流凌最早日	3 月 28 日
流凌最晚日	4 月 16 日
流凌方差	5~7 d

4.3.3.2 春季(3—4 月)回暖的三种环流形势

春季流凌的产生与气温回升有密切的关系,而气温的回升都是在一定的大尺度环流背景下,根据流凌发生前后的天气学条件,致使松花江哈尔滨段出现春季流凌的三种天气形势如下。

(1)亚洲强暖脊型:从贝加尔湖到黑龙江省西部为较强大的大陆暖脊,当脊前的冷空气东移出省后,黑龙江省将受暖空气影响,气温逐渐回升。从脊前部暖空气影响黑龙江省到暖脊东移出省或减弱为止,大约有 4~7 d 的回暖天气。如果同时伴有偏南大风,则黑龙江省南部最高气温可达 15~20℃。这是一种较明显的回暖天气过程(见图 4-16)。

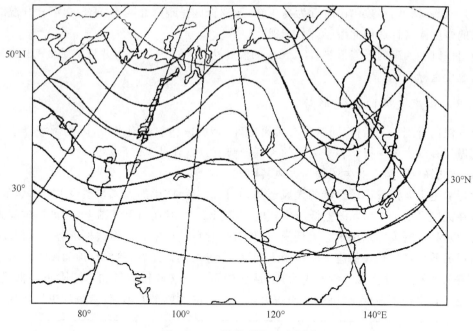

图 4-16　亚洲强暖脊型示意图

（2）主锋区偏北型：亚洲盛行西风环流，冷空气的主体在极地，锋区偏北。黑龙江省所处区域冷空气不强，当西风带有弱暖脊东移控制黑龙江省时，省南部地区白天最高气温可达 10℃以上。如伴有偏南大风天气过程，气温回升得更高（见图 4-17）。

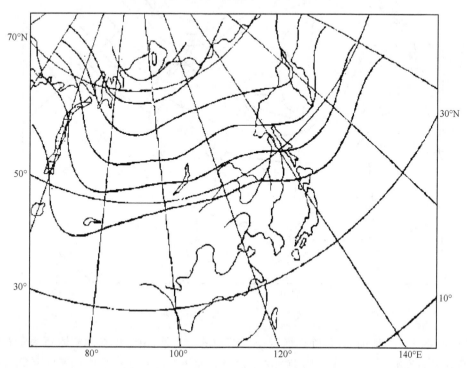

图 4-17　主峰区偏北型示意图

（3）一脊一槽型：乌拉尔山附近为高压脊，亚洲锋区呈现南北两支，于日本汇合升温的方式和升温的幅度同属锋区偏北型（见图 4-18）。

当出现以上回暖的天气形势，700 hPa 的温度达到－（8～12）℃，并且持续 3～5 d，为流凌预报的温度指标。

4.3.3.3　春季大风的天气形势

当气温回升到一定指标，同时伴有大风出现，会加速春季流凌出现，因此做好春季流凌预报还要做好春季大风预报。春季大风的天气形势有以下几种天气形势。

（1）西北锋区形势上产生的偏南大风转西北大风

此形势是黑龙江省比较独特的大风形势，并且此形势产生的大风在预报上有一定的难度。原因是在大风日前 700 hPa 图上低压槽较弱。在当日 02 时地面天气图上，在贝加尔湖附近有低压，但很弱，有时贝加尔湖附近无低压，仅仅有一片负变压中心。但这种形势一旦出现，贝加尔湖附近的低压槽以较快的速度向东南方向移动，进入黑龙江省，并伴有地面图上的低压进入黑龙江省强烈发展，使黑龙江省产生大风，从图中可看出 700 hPa 贝加尔湖附近的低槽较弱，但在黑龙江省出现了强低压发展，并出现大风。这样的大风来的迅速，结束的也比较快。

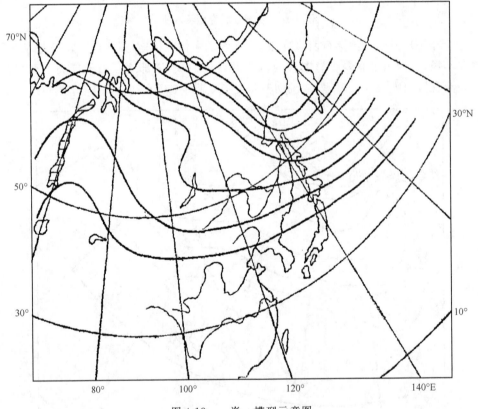

图 4-18　一脊一槽型示意图

此种形势低压发展的原因，除锋区温压场结构的特点外，由于贝加尔湖附近为雅布洛夫山脉，以东为大兴安岭，其海拔高度为 1000～1500 m，而黑龙江省松嫩平原和三江平原海拔高度 100～200 m。低压系统快速由贝加尔湖向东南移入黑龙江省，其气柱迅速伸长 800～1300 m，同时低压在 12～24 h 内南移了 6～9 个纬距。气柱伸长的作用和纬度效应促使低压系统气旋式涡度迅速增大,导致低压系统强烈发展,也是一个重要因素。这种形势产生的大风使黑龙江省中南部或黑龙江大部产生 6～8 级偏南大风转西北大风。

(2)强低压发展形势产生的大风

此种形势是在东亚地区乌拉尔山东部为阻塞高压,西西伯利亚有一团极强的冷空气。由于新地岛的冷槽向东南移动,侵入阻高,使乌拉尔山东部的阻高崩溃,迫使西西伯利亚的主体冷空气向东南爆发,强冷空气南压 35°N 附近而东移,在河套华北一带的强锋区上产生低压向东偏北方向移动,或向东北方向移动进入黑龙江省。有时锋区很宽,地面低压表现为先后两个低压进入黑龙江省,在黑龙江省中南部合并。低压进入黑龙江省后由于受松嫩平原地形影响,且低压生成的纬度偏南,水汽比较充沛,水汽的凝结潜热释放,对低压的发展提供能量,由于具备了热力和动力的多种因素,因此低压得以强烈发展,使低压中心数值降至 980 hPa 或以下,造成黑龙江省中南部或东部产生 7～10 级偏北大风,出现较大范围的风灾。

(3)强冷空气沿平直锋区东移形势下的偏南大风转偏西大风

此种形势是东亚地区环流形势比较平直,西西伯利亚强冷空气沿平直环流向东移,700 hPa 表现为温度槽落后于高度槽,槽后冷空气很强且平流交角几乎成直角,在这种形势下地面天气图上在蒙古形成低压后,低压中心沿 47°～52°N 纬带向偏东方向移动,低压中心移到黑龙江省北部强烈发展,并继续快速东移,冷锋迅速由西向东扫过黑龙江省。在强冷空气东移的过程中,往往南部海上高压比较弱,所以低压进入黑龙江省后有时偏南风并不大,只有冷锋扫过时才出现西或西北大风。

(4)南高北低形势下的偏南大风

春季入海高压与蒙古(东北方)气旋相配合形成南高北低的偏南大风形势,此种形势的一个突出特点是南部海上(指黄海、渤海、日本海)有高压的建立和发展。在大风前的 24～48 h 在 700 hPa 图上,可以看到有一明显的高压或高压脊有规律地由我国大陆(即华北中原一带)向东偏北方向移动,在移动的过程中高压或高压脊逐渐增强,有时 700 hPa 312 dagpm 线或 316 dagpm 线闭合圈的面积扩大一倍。有时高压脊在向东北伸展的过程中在长白山上空形成闭合高压。高压所以向东偏北方向移动强度迅速增强,这除了热力作用外,位涡守恒也起了一定的作用。因为高压向东北方向移动其地转涡度迅速增强,高压要维持其位涡守恒,其相对涡度迅速减小,即负涡度增大才能达到守恒,这样高压由于获得了负涡度其强度迅速增强。

由于高压的迅速增强和东移缓慢,这样有西风带东移的低压槽移至高压的西北侧受其高压的阻挡形成东北—西南向的锋区,这样在地面图上蒙古地区产生的低压,沿这支锋区向东北方向移动,低压中心进入黑龙江省北部强烈发展,加之黑龙江省的地形是向南开口的马蹄形地形,黑龙江省中部和南部处在气旋的暖区,西南风狭管效应使黑龙江省的松嫩平原、三江平原、小兴安岭南坡吹 6～8 级偏南大风,在这种形势下由于锋区比较稳定往往在 2～3 d 内有 2～3 个低压进入黑龙江省北部,并在此强烈发展。往往前一个低压第一天夜间刚刚移出黑龙江省,第二天白天后一个低压又移入黑龙江省北部,造成连续 2～3 d 偏南大风,这就是黑龙江省的风三型。

4.3.4　春季大风的预报指标

4.3.4.1　偏南大风转西北大风的预报指标

造成偏南大风转西北大风的天气形势多是西北锋区型,因在此型的控制之下,低压系统移动较快,仅能找出 12 h 的预报指标。预报指标如下:

(1)700 hPa 黑龙江省在西北锋区控制下(有三根等高线和等温线穿过黑龙江省),最大风速轴线穿过本省;

(2)在西北锋区上有低压槽,位置在 90°—120°E,槽线呈东北—西南向;

(3)700 hPa 天气图上温度槽落后与高度槽。槽后有冷平流,槽前有暖平流;

(4)大风日前 700 hPa 低压槽后有急流存在,槽后风向与纬度交角大于 40°;

(5)起报日 02 时地面天气图冷锋后风速至少有两个站大于或等于 7 m/s。

4.3.4.2　西南大风的预报指标

偏南大风大多是在南高北低气压形势下形成的,预报的着眼点是南部海上高压的稳定建立和强度以及蒙古低压进入黑龙江省的位置和强度。具体指标如下。

(1)大风日前 24~48 h,700 hPa 天气图上山东半岛附近有西北—东南向的高压脊发展,并一般在 24 h 前发展成闭合高压,以后缓慢东移至南部海上和长白山地区呈准静止状态。700 hPa 高压闭合线为 316 dagpm 或 312 dagpm(或大陆闭合小高压 48 h 前有规律的向东移动至大风日和副高叠加成高压脊,小高压的闭合线为 312 dagpm)。

(2)地面图蒙古低压中心位置在 47°—52°N,105°—121°E。中心强度为 984~1002 hPa。

(3)在预报日 02 时地面天气图上,南部海上形成闭合高压,其中心强度大于 1017 hPa。或其南部海上有一较强的东西向的高压脊,其 1015 线北沿在 42°—45°N,并西伸向大陆。

(4)蒙古低压中心进入黑龙江省一般在 48°N 以北,且低压前后 3 h 正负变压差大于 6.5 hPa。

满足以上指标的未来 24 h 黑龙江省松嫩平原、三江平原有 6~8 级偏南大风。

4.3.5　春季流凌的出现与降雨的关系

当春季回暖,气温达到一定标准,同时伴有阴雨天气出现时会加速流凌的出现。因此,做好春季流凌预报还要做好春季降雨预报。春季几种主要的降雨的天气形势如下。

4.3.5.1　平直锋区起脊型

平直锋区偏南型:中纬度 30°—120°E 为近于东西向的平直锋区。锋区于 45°N 附近横穿黑龙江省。当 35°—75°E 之间有高压脊发展,24 h 内等高线北伸 4~5 个纬距,或与极地高压相接,使北部冷槽南下,东移影响黑龙江省。起报日,冷槽在 55°—90°E 之间。3—4 月冷槽强度要求在 5 个纬距内有 4 根等温线,5—6 月要求有 3 根等温线(见图 4-19),这种天气形势出现,黑龙江省将出现降雨天气。

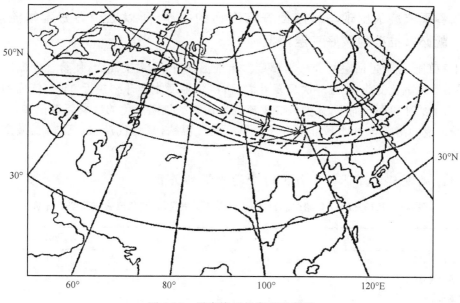

图 4-19　平直锋区起脊型示意图

4.3.5.2　西北路径型——分为欧洲脊前冷空气南下型和乌拉尔山脊前冷空气南下型

在乌拉尔山或欧洲有一高压脊,脊北端达 60°N 交点在 50°—75°E 的范围内,欧洲脊与 65°N 交点在 10°—30°E 的范围内,脊前为西北—东南向的锋区,极地冷空气沿脊前锋区南下,温度槽由 3～4 根密集的等温线组成。这种天气形势的出现也是黑龙江降雨主要天气形势(图 4-20)。

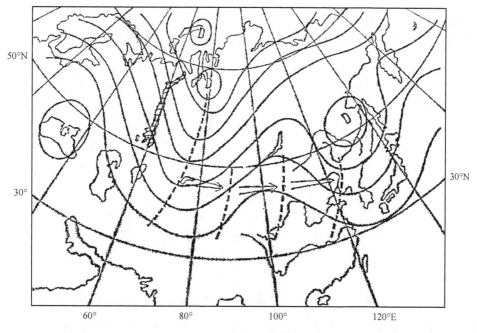

图 4-20　西北路径型示意图

4.3.6　春季流凌的出现与气温回升有密切的关系，所以准确做好春季流凌预报就必须准确地做好气温预报

以上我们已经阐述回暖的天气学模型。当气温回升，作用于江面，使得江面温度逐渐回升，冰层不断地融化变薄，经过多次反复升温后，江水温度才会升到接近 0℃。江面的冰层断裂，形成大量的冰排顺流而下，这便是春季流凌。而表征气温变化的气象因素很多，下面我们研究春季流凌的出现与 3 月下旬和 4 月上旬平均气温、日平均气温、最低气温、最高气温的关系。

4.3.6.1　流凌与 3 月下旬 4 月上旬平均气温的关系

表4-5　2013—2017 年哈尔滨市 3—4 月旬平均气温、最高气温极值及流凌日期

	2013 年	2014 年	2015 年	2016 年	2017 年
3 月下旬平均气温(℃)	−4.7	6.2	5.1	4.5	1.9
4 月上旬平均气温(℃)	0.8	5.1	2.1	5.8	9.2
最高气温极值(℃)	10.6	17.4	12.3	19.6	23.5
流凌日期(3—4 月)	4 月 15 日	3 月 31 日	4 月 2 日	3 月 28 日	4 月 5 日

从以上近 5 年哈尔滨 3 月下旬和 4 月上旬的平均气温情况看，在流凌偏早的 2014 年和 2016 年，3 月下旬和 4 月上旬的平均气温比常年偏高，而在流凌偏晚的 2013 年，3 月下旬和 4 月上旬的平均气温比常年偏低，因此 3 月下旬和 4 月上旬的平均气温是预测流凌趋势早晚很好的预报指标。

4.3.6.2　流凌与日平均气温

从 2017 年 3—4 月日平均气温变化曲线(图 4-21)和流凌日期来看：2017 年 3 月 24 日日平均气温进入正值并稳定维持，到 4 月 5 日松花江哈尔滨段开始出现流凌，日平均气温在正值持续了 12 d。

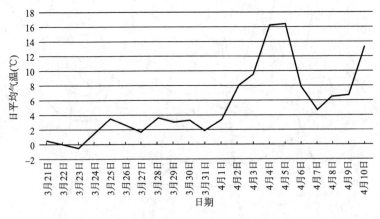

图 4-21　2017 年 3 月 21 日至 4 月 10 日平均气温变化曲线图

从 2016 年 3—4 月日平均气温变化曲线(图 4-22)和流凌日期来看：2016 年 3 月 20 日日平均气温进入正值并稳定维持，到 28 日松花江哈尔滨段开始出现流凌，日平均气温在正值稳

定持续了 8 d。

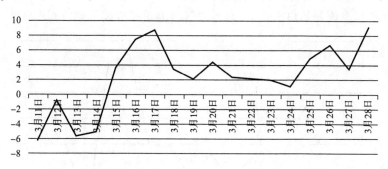

图 4-22　2016 年 3 月 11—28 日平均气温(℃)变化曲线图

　　2015 年 3 月 25 日日平均气温进入正值并稳定维持,到 4 月 2 日松花江哈尔滨段开始出现流凌,日平均气温在正值持续了 8 d(图 4-23)。

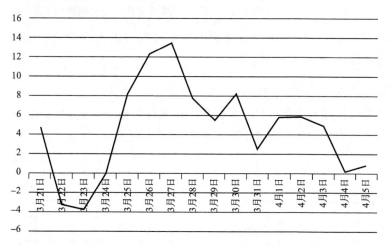

图 4-23　2015 年 3 月 21 日至 4 月 5 日平均气温(℃)变化曲线图

　　2014 年 3 月 18 日日平均气温进入正值,从 18 日到 30 日期间共有 13 d 日平均气温为正值,到 30 日松花江哈尔滨段开始出现流凌,日平均气温为正值持续了 13 d(图 4-24)。

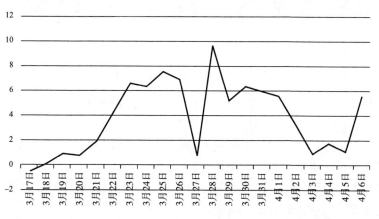

图 4-24　2014 年 3 月 17 日至 4 月 6 日平均气温(℃)变化曲线图

2013 年 4 月 1 日日平均气温进入正值,4 月 1—17 日期间,共有 12 d 日平均气温为正值,到 16 日松花江哈尔滨段开始出现流凌,日平均气温为正值持续了 12 d(图 4-25)。

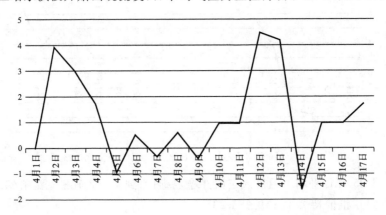

图 4-25　2013 年 4 月 1—17 日平均气温(℃)变化曲线图

由以上分析得出结论:3 月末至 4 月上旬日平均气温转入正值并持续,累计天数达到 8～12 d,松花江哈尔滨段开始出现流凌。

4.3.6.3　流凌与最低气温关系

如图 4-26 所示,2017 年 3 月 17 日至 4 月 5 日,最低气温回升到 0℃以上,持续 2 d,到 4 月 5 日最低气温回升到 3.0℃以上,松花江哈尔滨段开始出现流凌。

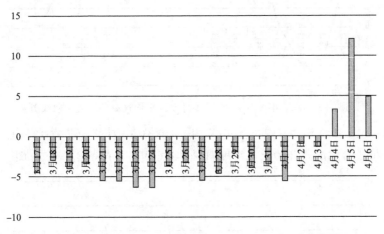

图 4-26　2017 年 3 月 17 日至 4 月 6 日最低气温(℃)变化曲线图

2016 年 3 月 17 日—4 月 1 日,最低气温回升到 0℃以上持续 1 d,到 3 月 28 日最低气温升到 0.20℃,松花江哈尔滨段开始出现流凌(图 4-27)。

2015 年 3 月 17 日至 4 月 2 日,最低气温回升到 0℃以上,持续 1 d,到 4 月 2 日最低气温回升到零上 4℃,松花江哈尔滨段开始出现流凌(图 4-28)。

2014 年 3 月 17 日至 4 月 2 日,最低气温回升到 0℃以上,持续 1 d,到 3 月 31 日最低气温回升到 0℃,松花江哈尔滨段开始出现流凌(图 4-29)。

2013 年 3 月 17 日至 4 月 16 日,最低气温回升到 0℃以上,持续 1 d,到 4 月 17 日最低气温回升到 7℃以上,松花江哈尔滨段开始出现流凌(图 4-30)。

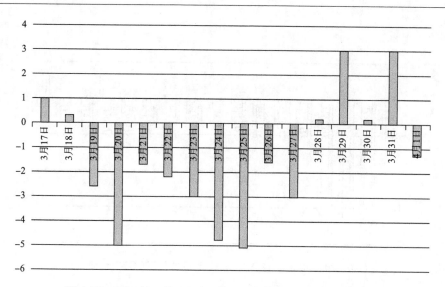

图 4-27　2016 年 3 月 17 至 4 月 1 日最低气温（℃）变化曲线图

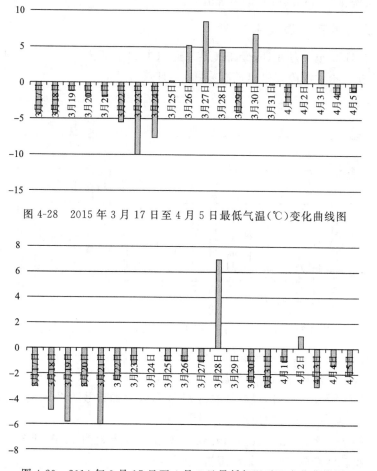

图 4-28　2015 年 3 月 17 日至 4 月 5 日最低气温（℃）变化曲线图

图 4-29　2014 年 3 月 17 日至 4 月 5 日最低气温（℃）变化曲线图

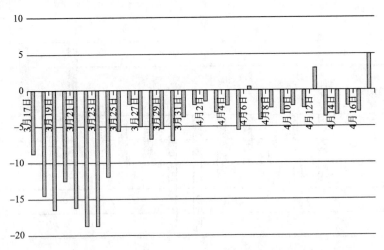

图 4-30　2013 年 3 月 17 至 4 月 16 日最低气温(℃)变化曲线图

　　根据以上分析得出:近 5 年进入 3 月、4 月后,气温逐渐回升,当最低气温回升到 0℃以上时,持续 1~2 d,松花江哈尔滨段开始出现流凌。

4.3.6.4　流凌与最高气温关系

　　2017 年 3 月 21 日至 4 月 8 日,最高气温升到 10℃以上的天数为 5 d,到 4 月 5 日最高气温达到 20℃,松花江哈尔滨段开始出现流凌(图 4-31)。

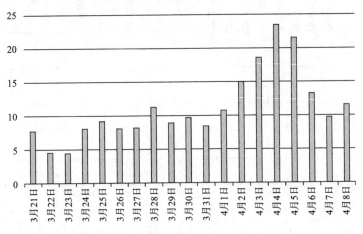

图 4-31　2017 年 3 月 21 至 4 月 8 日最高气温变化曲线图

　　2016 年 3 月 10—31 日,最高气温回升到 10℃以上的天数为 7 d,到 3 月 28 日最高气温升到 17.3℃,松花江哈尔滨段开始出现流凌(图 4-32)。

　　2015 年 3 月 21 至 4 月 5 日,最高气温升到 10℃以上的天数为 7 d,到 4 月 2 日最高气温回升到 8℃,松花江哈尔滨段开始出现流凌(图 4-33)。

　　2014 年 3 月 17—31 日,最高气温回升到 10℃以上的天数为 10 d,到 3 月 31 日日最高气温回升到 13℃,松花江哈尔滨段开始出现流凌(图 4-34)。

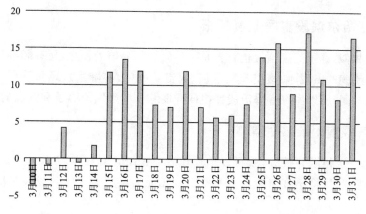

图 4-32　2016 年 3 月 10—31 日最高气温(℃)变化曲线图

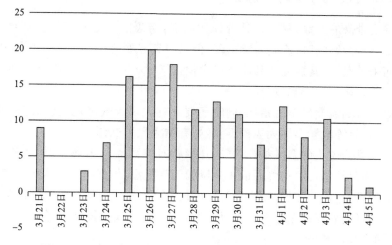

图 4-33　2015 年 3 月 21 至 4 月 5 日最高气温(℃)变化曲线图

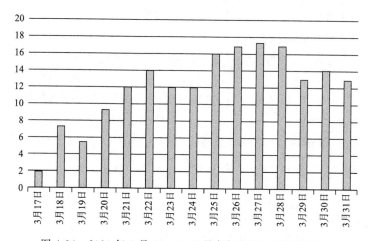

图 4-34　2014 年 3 月 17—31 日最高气温(℃)变化曲线图

　　根据以上分析得出:近 5 年进入 3 月末后,气温逐渐回升,当最高气温回升到 10℃以上的天数 3～6 d,松花江哈尔滨段开始出现流凌。

4.3.7　松花江哈尔滨段春季流凌预报

与秋季流凌相似,春季流凌预报也首先是一种气温临界值的预报,所有影响气温的气象要素和因子都会影响流凌的出现,如暖空气的强度、天空状况(云和降水)、风和地形等。由于江上冰面融化需要一段时间,所以做好春季流凌预报同样要综合考虑气象因子和升温的持续时间。

4.3.8　暖空气强度对流凌的影响

暖空气达到一定强度并持续,就可以出现流凌。据统计和经验,当高空 700 hPa 的温度为 $-(8\sim12)$℃并持续时,将出现流凌。当高空 700 hPa 的温度为 $-(16\sim20)$℃出现流凌的可能性非常小。

4.3.9　春季流凌预报方法研究总结

(1)强暖空气带来的升温幅度大,升温作用明显,当暖空气达到流凌的温度指标 700 hPa 为 $-(8\sim12)$℃并持续影响时,流凌一定出现,但西方路径暖空气,一般强度弱,流凌预报难度较大。因此,西来暖空气,其强度达到流凌温度预报指标 700 hPa 暖中心强度必须高于 -12℃并持续 $3\sim5$ d,春季流凌才会出现。

(2)当气温回升到流凌的温度指标,同时还要伴有大风天气出现,会加速流凌的出现。因此做好流凌预报要熟练掌握春季大风模型,做好春季大风天气预报。

(3)当气温回升到流凌的温度指标,同时还要伴有降雨天气出现,会加速的流凌出现。因此做好流凌预报要熟练掌握春季降雨的主要降雨天气模型,做好春季降雨天气预报。

(4)当气温回升,作用到江面。江冰温度回升到 0℃ 左右时,江面的冰层断裂,才能出现流凌,江面冰层温度回升要滞后于空气温度,因此流凌指标的预报要综合考虑气象因子的变化。以下几个气温因子都得考虑。

1)3 月下旬和 4 月上旬的平均气温比常年偏高,当年出现流凌将会偏早;若 3 月下旬和 4 月上旬的平均气温比常年偏低,当年流凌的出现将偏晚,因此 3 月下旬和 4 月上旬的平均气温是预测流凌趋势早晚很好的预报指标。

2)3 月末至 4 月上旬,日平均气温转为正值累计天数达到 $8\sim12$ d,松花江哈尔滨段开始出现流凌。

3)3 月末至 4 月上旬,气温逐渐回升,当最低气温回升到 0℃ 以上时,持续 $1\sim2$ d,松花江哈尔滨段开始流凌。

4)进入 3 月末后,气温逐渐回升,当最高气温回升到 10℃ 以上持续的天数 $3\sim6$ d,松花江哈尔滨段开始流凌。

4.4　黑龙江省江河航运气象服务事例

4.4.1　秋季流凌服务个例

从 20 世纪 80 年代开始,黑龙江省气象服务中心就为省航道局做气象服务工作,至今已三十多年,服务范围越来越广,内容也越来越丰富,目前为航道部门提供每日天气预报、实时数据查询、旬月气候概况和旬月气候预测等,同时还做专业专项预报——流凌预报和夏季汛期各流域的精细化天气预报等。这里我们列举几个秋季流凌和春季开江的典型的预报个例,以便于大家以后做预报时参考。

如 2002 年秋季流凌出现的比常年偏早。这一年秋季的气温特点是,前期气温持续偏高,后期气温迅速下降,至初冬下降到比常年偏低态势。9 月至 10 月上旬,全省气温比常年偏高,但从 10 月中旬开始,气温下降。表 4-6 列出了 1998—2002 年哈尔滨市 10 月中、下旬平均气温、10 月最低气温达到零下的日数、最低气温极值以及相应的流凌日期。2002 年气温远低于其他年份,因此流凌日期也明显比其他年份偏早。

表 4-6　1998—2002 年哈尔滨市 10 月中、下旬平均气温、最低气温达到零下的日数、最低气温极值及流凌日期

	1998	1999	2000	2001	2002 年
10 月中旬平均气温	10.1℃	5.4℃	4.0℃	8.5℃	5.3℃
10 月下旬平均气温	6.4℃	1.6℃	3.7℃	5.3℃	−1.3℃
10 月最低气温为负值日数	1 d	2 d	2 d	0 d	11 d
最低气温极值	−0.1℃	−3.0℃	−0.5℃	零上	−3.0℃
流凌日期(11 月)	16 日	15 日	10 日	12 日	4 日

我们详细地分析流凌偏早原因如下。

(1)2002 年秋末冬初,黑龙江省处于高空 500 hPa 月平均高度距平场负距平中心。

(2)冬季环流形势建立早,冷空气活动异常活跃。

(3)从 10 月中旬欧洲数值预报中看,冷空气有明显加强的趋势,极地冷空气活动偏南,黑龙江省多数时间持续受冷空气影响,气温偏低。根据前期气温持续偏低的实际状况,预测将导致松花江提早出现流凌,具体出现流凌时间为 11 月 5 日前后。那么我们提前一周左右将订正预报发布给用户,指导船只及时返航。实际流凌出现时间为 11 月 4 日。

通过对 2002 年松花江流凌时间偏早的预测分析,可以总结出以下几点:

(1)10 月中、下旬尤其是 10 月下旬的冷空气活动,对流凌预报起着指导性意义;

(2)找出使水温降低到 0.2℃的气温指标;关注 10 月末、11 月初的欧洲数值预报,当连续多次降温后,高空 850 hPa 温度场预报−16℃线进入黑龙江省南部地区时,可发布订正的流凌期预报。

4.4.2　春季流凌服务个例

2014 年,松花江哈尔滨段春季流凌时间为 3 月 31 日,此次开江为文开江,比常年明显偏早,为近 50 年以来最早的一次文开江。相比往年,松花江开江期均在 4 月上旬,也就是清明节前后。由于 2014 年哈尔滨市气温升高早,江面的冰层融化速度加快,导致开江期提前。同时,受大顶子山航电枢纽工程影响,江水流速缓慢,又加上 2014 年气温高风力小,江面冰块自然融化,形成了“文开江”的形态。所谓“文开江”是指松花江开江时冰排量小,自然融化速度快,没有形成凌汛。而另一种是受气温迅速回升和风力偏大等影响,造成冰层迅速断裂,在风力的作用下江水流速加快,大块冰排堵塞江面形成凌汛,就是人们所说的“武开江”。

表 4-7　2014 年哈尔滨市 3 月上、中、下旬平均气温、最低气温为正值的日数、最高气温极值及流凌日期

气象要素	2014 年
3 月上旬平均气温	−9.5℃
3 月中旬平均气温	−0.6℃
3 月下旬平均气温	6.2℃
3 月最低气温为正值日数	2 d
最高气温极值	17.4℃
流凌日期（3 月）	31 日

从表 4-7 可以看到：2014 年 3 月上旬平均气温明显低于常年；中旬回暖明显，平均气温处于比常年偏高水平；下旬平均气温继续处于比常年明显偏高水平，而且下旬内部分时段气温偏高，创下 1961 年以来气象记录的新极值，因此，2014 年松花江哈尔滨段春季流凌也明显地偏早于常年。

流凌偏早的天气成因分析如下。

2014 年 3 月中下旬，黑龙江省回暖特早，从高空形势场看，3 月中旬是属于亚洲强暖脊型控制的升温天气模型：从贝加尔湖到黑龙江省西部为较强大的大陆暖脊，当脊前的冷空气东移出省后，黑龙江省将受暖空气影响，气温逐渐回升。从高压脊前部暖空气影响黑龙江省到暖高脊东移出省或减弱为止，大约有 4～7 d 的回暖天气。则黑龙江省南部最高气可达 5～7℃。这是一种较明显的回暖天气模型（见图 4-35）。

2014 年 3 月下旬，从高空形势场看，3 月下旬回暖的天气模型是主锋区偏北型：亚洲盛行西风环流，冷空气的主体在极地，锋区偏北。当西风带有弱暖脊东移控制黑龙江省时，省南部地区气温明显回升，白天最高气温回升到 10～15℃之间，持续近 10 d。

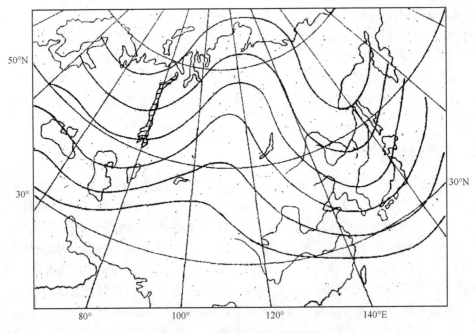

图 4-35　亚洲强暖脊型示意图

表 4-8　2014 年 3 月 17—31 日哈尔滨日最高气温资料(℃)

日期	17	18	19	20	21	22	23	24	25	26	27	28	29	30	31
哈市日最高气温	2	7.3	5.5	5	9.4	12	14	12	16	17	17.4	17	13	14.1	13

从 2014 年 3 月哈尔滨日最高气温变化来看:2014 年 3 月 17—31 日,哈尔滨日最高气温回升到 10℃以上稳定持续了 9 d(表 4-8),松花江哈尔滨段出现流凌。

表 4-9　2014 年 3 月 17—31 日哈尔滨日最低气温资料(℃)

日期	17	18	19	20	21	22	23	24	25	26	27	28	29	30	31
哈市日最低气温	−3	−4.9	−5.8	−3	−6.0	−2.5	−1.3	0	−1	−1	−1.0	7	0	−2.6	−3

从 2014 年 3 月哈尔滨日最低气温变化(表 4-9)来看:2014 年 3 月 17—31 日,哈尔滨日最低气温回升到 0℃以上持续了 2 d,松花江哈尔滨段出现流凌。

表 4-10　2014 年 3 月 17—31 日哈尔滨日平均气温资料(℃)

日期	17	18	19	20	21	22	23	24	25	26	27	28	29	30	31
哈市日平均气温	−0.5	0.1	0.9	0.8	1.9	4.2	6.6	6.3	7.5	6.9	8.0	9.6	5.2	6.3	5.9

从 2014 年 3 月哈尔滨日平均气温变化(表 4-10)来看:2014 年 3 月 17—31 日,哈尔滨日平均气温回升到正直比常年偏早 10～12 d,日平均气温从 3 月 18 日回升到正值,并稳定维持在正值区内,而且日平均气温是稳步上升的趋势,到 25 日平均气温上升的幅度更大,当日平均气温转入正值持续了 12 d,3 月 31 日松花江哈尔滨段出现了流凌。流凌出现后,大量的冰排顺流而下,持续 5～7 d,当冰排融化后就意味着开江,由于气温是缓慢而又稳定回升,所以 2014 年春季松花江哈尔滨段是文开江。

4.4.3　2013 年黑龙江发生洪水期的航运气象服务

2013 年,由于全球气候变暖背景下的大气环流异常,全国不断制造出现极端天气事件,黑龙江省也不例外,发生多起极端天气气候事件和气象灾害,其中就包括 6—8 月的特大洪水,被入选为 2013 年国内十大天气气候事件,这次特大洪水气象灾害不但影响了人们正常的生活与出行,更重要的是给农业生产、交通运输等造成了巨大的损失。据统计:2013 年夏季降水量异常偏多,为 1961 年以来历史第 1 位,其中 7 月降水特多,为 1961 年以来历史第 3 位。8—9 月受持续强降雨和上游水库开闸泄洪的共同影响,黑龙江、嫩江、松花江等主要江河水位持续上涨,松花江干流、嫩江干流发生了 1998 年以来最大洪水,黑龙江干流发生了 1984 年以来最大洪水。黑龙江上游发生了超过 10 a 一遇的大洪水,中游干流黑河至萝北江段发生了超 30 a 一遇的大洪水,下游在松花江洪水汇入后,下游干流同江以下江段发生了超 100 a 一遇的特大洪水,黑龙江干流嘉荫至萝北江段发生 1951 年以来的最大洪水,萝北为 1952 年有资料记载以来最大洪水,抚远站超出历史最高水位 1.55 m。至 9 月 20 日各大江河水位全线退至警戒水位以下,累计超警戒水位历时 58 d。

2013 年特大洪水主要集中出现在 6—8 月。8 月 6 日开始全省大面积遭受洪水灾害,省内铁路、客运受到严重影响,黑河、大兴安岭等地的铁路被冲毁,火车停运,至 8 月 26 日铁路恢复部分线路列车;8—11 日,黑河、逊克、萝北、抚远、嘉荫、同江 6 个口岸相继临时关闭;15 日,绥北、黑大、绥安、黑嘉、加黑五条公路因汛情封闭交通;18 日起哈尔滨市轮渡全面停航。

针对这次特大洪水,黑龙江省防汛抗旱指挥部从 8 月 5 日 17 时起启动黑龙江省Ⅲ级防汛应急响应并开展相应行动。由于降雨持续,汛情不断发展,黑龙江省防汛抗旱指挥部决定,8 月 19 日中午 12 时起启动黑龙江一级防汛应急响应,并且开展相应行动,最大限度减少洪涝灾害的损失。按照防汛一级应急响应要求,黑龙江各地防汛部门要加强值班,全面做好防汛抗洪准备工作,黑龙江省气象服务中心也高度重视,全力做好抗击特大洪水的气象服务工作。

受此次特大洪水影响,导致黑龙江省 6 个口岸相继关闭,哈尔滨市轮渡全面停航,因此黑龙江省气象服务中心全力做好航运气象服务工作。在 6—8 月期间,每天及时提供各流域雨情图,最新的天气预报,以及重大天气预报和预警信息。而且在此期间我们还为航运部门提供 5 期航道气象专题服务,精准、及时有效的航运气象服务,为航道部门合理安排船舶航行提供科学依据,受到了航道部门的好评。以下是我们气象服务中制作的航运气象服务专题。

航道气象服务专题

防汛Ⅰ级应急响应气象服务专题(第四期)

黑龙江省气象服务中心　　　2013 年第 4 期　　08 月 22 日

黑龙江、松花江流域未来 7 天天气预报
(2013 年 8 月 22—28 日)

一、雨量实况(21 日 08 时—22 日 08 时)

昨日我省海伦、五大连池、齐齐哈尔等 3 个县(市)降大雨,绥棱、嫩江等 11 个县(市)降中雨;绥化青冈迎春乡、兴华镇、连丰乡,齐齐哈尔克山北降暴雨。

二、未来一周各流域天气预报

预计未来 7 天二松累计降水量在 40~60 毫米,其中二松上游局地在 70~100 毫米;黑龙江黑河以下段、布列亚河、嫩江下游、松花江干流在 25~40 毫米,其中黑龙江嘉荫以下段、布列亚河上游、松花江干流中下游局地在 50~80 毫米;黑龙江黑河以上段、结雅河、嫩江上游在 15~25 毫米。

22 日:嫩江上游、黑龙江黑河以下段、松花江干流中下游、布列亚河下游有中雨,其中松花江干流下游、黑龙江逊克以下段局部有大雨(25~40 毫米),个别乡镇有暴雨(50~80 毫米);其它有阵雨、雷阵雨。各流域有 4~5 级风。三江平原、黑河东部、伊春、绥化东部、哈尔滨等地有短时强降水、雷雨大风等强对流天气。

23 日:嫩江上游、松花江干流中下游、黑龙江黑河以下段有阵雨、雷阵雨,其中黑龙江嘉荫以下段(包括俄方境内)有中雨;其它多云。

24 日:黑龙江、嫩江上游、松花江中下游段阵雨转多云,其中黑龙江抚远段俄方境内局部有中雨,其它多云转晴。

25—27 日:布列亚河、二松有中雨,局地有大雨;结雅河、黑龙江、嫩江下游、松花江干流有阵雨、雷阵雨;其它多云。

28 日:结雅河上游、布列亚河上游、嫩江下游、松花江干流上游有小雨;松花江干流中下游、二松有中雨,局部大雨;其它多云。

三、建议:

未来一周我省各流域降雨过程依旧频繁,部分流域雨量大,尤其是近 5 日黑龙江嘉荫以下流域段多降雨,对航运仍将带来不利影响,请航运部门密切关注各流域的水位变化,有效应对,做好护航的各项工作。

制作:胡晓径、王永波　　　　　　　　定稿:闫敏慧

航道气象服务专题

防汛 I 级应急响应气象服务专题(第五期)

黑龙江省气象服务中心   2013 年第 5 期   08 月 26 日

黑龙江、松花江流域未来7天天气预报
(2013年8月26-9月1日)

一、天气实况

昨日我省大部分地区晴，东南部地区有阵雨、雷阵雨，饶河、宁安中雨。(见图1)

黑龙江省24小时降水实况图(单位:毫米)
2013年08月25日05时—08月26日05时

黑龙江省气象台

二、未来七天天气预报

26-27 日我省晴间多云, 28-29 日我省东南部有一次中雨、局部大雨过程。

预计未来 7 天二松、松花江干流中上游累计降水量在 30～50 毫米，其中二松中上游局地在 60～80 毫米；黑龙江、结雅河、布列亚河、嫩江下游、松花江干流下游在 15～30 毫米；嫩江上游在 5～10 毫米。

26 日:二松上游、乌苏里江中上游、结雅河上游阵雨转晴，其它晴间多云。黑龙江同江至抚远段江面有 3～4 级西北风。

26 日夜间黑龙江呼玛至嘉荫段沿岸最低气温在 7～9 ℃, 注意适当增加衣物。

27 日:嫩江下游、二松中下游、松花江干流上游、结雅河上游、布列亚河上游有小雨，其它晴间多云。

28日:结雅河中上游、布列亚河中上游有小雨, 其中布列亚河上游有中雨；嫩江下游、松花江干流中上游及其以南地区有小雨, 其中松花江干流中上游及其以南地区有中雨、局地有大雨(25～40毫米);二松有中雨, 其中二松中下游有大雨(25～40毫米)、二松中游局地有暴雨(50～70毫米);其它多云间晴。

29 日:黑龙江黑河以上段(包括俄方境内)有小雨, 其中布列亚河上游有中雨；松花江干流中上游以东地区有阵雨、雷阵雨, 局地有中雨；其它多云转晴。

30日-9月1日:黑龙江、松花江流域自西向东还将有阵雨、雷阵雨天气。

三、建议:

今明两天黑龙江下游江面有3～4级西北风, 江面开阔会造成水浪较大, 而且未来3天夜间气温持续偏低。28-29日二松有大雨、局部暴雨天气, 我省东南部有中雨、局部大雨, 对航运仍将带来不利影响, 请航运部门密切关注各流域的水位变化, 有效应对, 做好防范。

制作:胡晓径、王永波   定稿:王永波

3

气象服务专题

2013年秋季流凌趋势预测

黑龙江省气象服务中心　　　　　　　2013年09月03日

黑龙江、嫩江、松花江、乌苏里江
2013年秋季流凌趋势预测

一、黑龙江省内四大流域相关站点历年流凌日期、最早日期及最晚日期

1、黑龙江：

上游

漠河站:历年平均日期10月23日;最早出现在9月5日;最晚出现在11月22日。

呼玛站:历年平均日期10月27日;最早出现在9月28日;最晚出现在11月21日。

中游

黑河站:历年平均日期10月26日;最早出现在10月8日;最晚出现在11月26日。

嘉荫站:历年平均日期10月29日;最早出现在10月7日;最晚出现在11月29日。

萝北站:历年平均日期11月1日;最早出现在10月14日;最晚出现在11月30日。

抚远站:历年平均日期11月7日;最早出现在10月17日;最晚出现在11月30日。

2、嫩江：

上游

嫩江:历年平均日期10月26日;最早出现在10月4日;最晚出现在11月21日。

中下游

泰来站:历年平均日期11月3日;最早出现在10月5日;最晚出现在11月24日。

3、松花江：

中下游

肇源:历年平均日期11月9日;最早出现在11月2日;最晚出现在11月18日。

哈尔滨:历年平均日期11月12日;最早出现在11月3日;最晚出现在11月20日。

通河:历年平均日期11月10日;最早出现在10月31日;最晚出现在11月18日。

佳木斯:历年平均日期11月11日;最早出现在10月31日;最晚出现在11月19日。

4、乌苏里江：

饶河站:历年平均日期11月6日;最早出现在10月16日;最晚出现在11月27日。

二、2013年秋季气温短期气候预测结论

预计秋季全省平均气温略高于常年,大部分地市比常年高0.0～0.5℃。其中9月气温正常略低,比常年低0.0～0.2℃;10月气温略高,比常年高0.0～0.5℃;11月气温略高,比常年高0.5～1.0℃。

□□ 各流域相关站点预报理由及结论

1、预报理由:今年各流域发生重大汛情,特别是黑龙江超百年一遇特大洪水,根据经验,水位偏高的年份利于晚流凌;另外,根据秋季预报,我省秋季气温是偏高趋势,特别是秋季后半段的10-11月气温偏高,也是利于各流域晚流凌。

2、结论:综合上述两点理由,省内四大流域总体都将是流凌偏晚的趋势,大部分流域站较常年偏晚的时间都在2-3日及以上。具体预报日期如下:

黑龙江流域漠河站不早于10月25日;黑龙江流域嘉荫站不早于10月31日;黑龙江流域抚远站不早于11月9日。嫩江流域嫩江站不早于10月29日;嫩江流域泰来站不早于11月6日。

松花江流域肇源站不早于11月12日;松花江流域哈尔滨站不早于11月16日;松花江流域佳木斯站不早于11月14日;乌苏里江流域饶河站不早于11月9日。各流域站可能发生流凌的最早日期见图1:

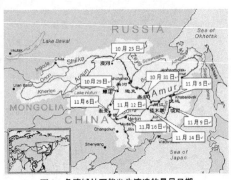

图1　各流域站可能发生流凌的最早日期

□□ 关于江水流凌的几点说明

1、封江预报中所说的封江并非江面全部封冻,准确地说,气象部门为航道部门所提供的是流凌预报。

2、流凌的概念:秋末冬初,在江河封冻之前,江面有一段流冰时间,表现为大小不一的冰花在江面上流动,称为流凌。江水开始流凌后,即影响到船只通航,但是距离江面完全封冻,还要有很长一段时间,根据常年情况,平均在半个月左右。

黑龙江省气象服务中心
2013年9月3日

4.5　黑龙江省江河航运气象服务展望

随着黑龙江省水运事业的蓬勃发展,通航水域的船舶密度逐渐增加,船舶大型化、专业化和高速化的发展对水上航行安全保障系统提出了更高层次的要求。以及时、准确、实用的航运气象信息为基础,为船舶安全航行提供多种类、多手段、多层次的助航服务是未来航运气象服务的首要任务。因此,我们要建立黑龙江省航道气象服务体系。黑龙江省各流域的航道运输为经济发展提供了优越的水运条件,保障航运船舶的航行安全,对发展流域经济有十分重要的意义。气象灾害会给船舶航行带来极大威胁,为尽可能地减少自然灾害带来的损失,必须加强交通部门与气象部门、气象部门与运输船舶的联系,建立起完善的航运气象保障体系。

(1)进一步深化流凌预报技术,使松花江流域哈尔滨段的流凌预报方法更成熟、更完善,并将该技术逐步拓展、延伸至黑龙江省内的四大主要流域,逐渐做到省内流域气象服务的全覆盖。

(2)专业的气象预报预警信息是做好航道气象服务的重要基础。实时、准确、实用的航运气象预报能够提供丰富的助航服务信息,保障船舶的安全航行,因此未来的江河航运预报预警要向精准化、专业化方面发展。

(3)气象与航运的联防和协作是做好航道气象服务的有力保障。气象部门通过先进的雷达、卫星等设备监测天气形势,可以提前一小时,甚至几小时系统地预测重大灾害性天气,并及时通报航运部门、港口和船舶做好应对准备,将损失降到最低;航运部门对水位、水情实况的掌握也直接影响航运服务,因此,未来要进一步优化两家信息的传输手段,与时俱进,突显联防和协作的作用。

(4)完善的航运通信网络建设是做好航道气象服务的关键因素。为了确保船舶航行安全,尤其是客轮和渡船的安全,航道上需要建设航运通信网络,以加强流域内灾害性天气预报,及时做好预防工作。

第 5 章　黑龙江省电力气象服务

5.1　黑龙江省电网分布

5.1.1　东北电网

　　黑龙江省电力有限公司是东北电网有限公司的全资子公司,东北电网有限公司(简称东电,英文缩写 NEG)是在电力市场化改革的大潮中应运而生的,其前身为国家电力公司东北公司,于 2003 年 9 月 25 日组建成为国家电网公司依法出资设立的国有独资有限责任公司。公司以建设和运营电网为核心任务,承担着经营管理东北电网,保证供电安全,规划东北电网发展,组织东北区域内电力资源的优化配置,推进和规范区域电力市场建设,按照市场规则进行"三公"电力调度,服务东北地区经济发展的重要使命。

　　东北电网供电区域包括辽宁省、吉林省、黑龙江省及内蒙古自治区东部三市一盟,以 500 kV 线路为骨干的网架已经形成,北起呼伦贝尔的伊敏,南至大连的南关岭,西自赤峰的元宝山,东达黑龙江的佳木斯、七台河,500 kV 主网架覆盖了东北地区的绝大部分电源基地和负荷中心,电网覆盖面积 124 万 km²,供电服务 1.21 亿人口。目前,公司直接经营管理的 500 kV 输电线路 32 条,总长 4578 km,总变电容量 1527 万 kV·A;220 kV 输电线路 46 条,总长 3092 km,总变电容量 246 万 kV·A,与华北电网实现了跨大区交流联网。

5.1.2　黑龙江省电网

　　黑龙江省电力有限公司直接管理的单位 27 个,其中直属地(市)级供电企业 14 个,控股一家水力发电企业,施工、修造、科研、设计、培训等单位 12 个,管理 70 个县级农电企业,代管农垦和部分森工供电企业。公司员工总数 33127 人,离退休人员 11400 人。代管农电企业人员 19480 人,农垦和林区供电企业 7000 人。

　　截至 2008 年末,黑龙江电网共有 500 kV 变电所 8 座,运行容量为 880.5 万 kV·A;220 kV 变电所 79 座,运行容量为 1557.7 万 kV·A;500 kV 线路 22 条,总长度为 3653.9 km;220 kV 线路 196 条,总长度为 9786.8 km。与东北主网由 4 回 500 kV 线路和 4 回 220 kV 线路相联。

　　截至 2008 年末,黑龙江省并网运行的电厂 207 座,总装机容量 1818 万 kW。其中,火电厂 137 座,装机容量 1657 万 kW;水电厂 57 座,装机容量 94.2 万 kW;风电厂 13 座,装机容量 66.6 万 kW。省调直调的电厂 32 座,总装机容量 1548 万 kW。大容量电厂主要分布在中、西部的负荷中心区和东部的煤矿坑口地区。

5.2　黑龙江省主要电力气象灾害

气象是大气的物理现象和物理过程的总称。天气是某一时间某一区域的大气状况,由温度、湿度、风速、气压、降水量、日照等基本气象要素表征。气候则是对某一地区的气象要素的平均值、方差、极值概率等进行长期统计的天气状况的统合表现。

气象灾害是指大气环境对人类的生命财产和生产生活以及国防建设等造成的直接或间接的损害。气象灾害一般包括天气、气候灾害和气象次生、衍生灾害。天气、气候灾害是指因台风(风暴)、暴雨、雷电、大风、冰雹、沙尘、龙卷、大雾、高温、低温、连阴雨、冻雨、霜冻、结(积)冰、寒潮、干旱、干热风、热浪、洪涝、积涝等因素直接造成的灾害。气象次生、衍生灾害是指因气象因素引起的山洪、滑坡、泥石流、山火等灾害。

近年来电网的规模不断扩大,结构日趋复杂,电网系统变电站、输电线路的覆盖面持续增长,地理跨度不断增加,大风、雷电、雾霾等灾害性天气对电网安全运行产生的侵扰随之增大,同时全国各地气象灾害频发,雷电、大风、冰雪、山火、台风等气象灾害对暴露在外部大气环境中的输电网产生了重大影响,尤其是一些极端天气会直接导致线路故障停运。

以深圳电网为例,2007—2013 年 110～500 kV 输电线路的跳闸原因如图 5-1 所示,从图中可见,雷击跳闸是输电线路跳闸的主要原因,占到总原因的 52.63%;其次为外飘物等引起的外力破坏,占到了 17.41%;风偏放电也是线路跳闸的一大主要原因,占到了 9.31%;暴雨天气下绝缘子雨闪占到了 1.89%。与气象相关的跳闸事件占到了 88.67%,而线路跳闸事件对应的天气状况主要发生在雷电、台风、暴雨、大风等灾害性天气下,其中一半以上为雷雨天气(53%),其次是大风,因为大风天气造成的衍生灾害,如风偏放电、外飘物引起的外力破坏、雷击也会导致线路故障,综合来看,自然灾害、气象因素是导致电网线路故障的主要原因,而气象因素是造成架空线路非计划停运的最主要的原因。

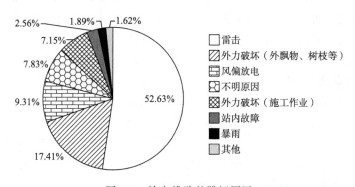

图 5-1　输电线路的跳闸原因

电网多年的运行经验表明,影响电网中输电线路及其附属设施的主要气象灾害有:雷电,冰灾(冻雨),风灾(强风、台风、飑线风),山火,地质灾害等。

5.2.1　雷电

雷电是伴有雷声和闪电的局部性强对流性天气,通常与大风、强降水和冰雹等相伴发生。

雷电作为一种自然灾害,一直对人类的生命财产构成威胁,它位列联合国制订的国际减灾防灾规划中10项自然灾害的第9项,虽不及水灾、旱灾、台风等灾害那样造成大规模的生命伤亡和经济损失,但雷电的危害在全球范围内普遍存在,且不容忽视,特别是在电网运行中更是会造成很大影响甚至巨大损失。雷电放电过程涉及大气活动、地貌地形、土壤质地等众多自然因素,具有很大的随机性,所以表征雷电特性的诸多参数都带有统计特征。电力系统雷电防护关注的雷电特征参数主要包括:雷电的波形和极性,雷电流的幅值、波头、波长和陡度,雷电放电的持续时间,雷电日和雷电小时数,以及地面落雷密度等。雷电对电网的危害分为:直击(包括绕击与反击)、感应和侵入等几类。雷击造成的雷电过电压具有陡度高、幅值大的特点,对电网中变压器等绝缘薄弱的设备构成的危害最大,也会危及户外架空输电线路以及变电站内的断路器、隔离开关、互感器这些设备的绝缘瓷瓶,雷电侵入波还会危害到户内的电气设备。除了损害设备造成的直接损失,因线路跳闸造成的供电中断甚至大面积停电的间接损失可能会更大。

5.2.2　冰灾

导线覆冰是引起输电线路故障的主要气象灾害,尤其是对于高山地区的线路。输电线路覆冰会增大线路和杆塔的荷载,增大导线的受风面积,很容易诱发不稳定的驰振,常导致跳头、扭转、舞动、冰闪跳闸甚至断线、倒塔等恶性事故。冰灾导致的电网大面积停电事件在各国均有不同程度的发生。例如:1998年1月,加拿大出现了持续一周的冰冻灾害天气,高压输电线上的最大覆冰直径达到了75 mm,造成高压输电网的116条线路损毁和1300座铁塔倒塌;同时还造成配电网350条配电线损坏,16000根电杆倒塌。此次冰灾导致大约100万用户供电中断,影响到加拿大10％的人口的正常生活。中国最近十几年同样发生了几次冰灾导致的重大电网安全事故。2005年2月,华中地区的冻雨灾害引起大面积的输电线路覆冰,造成华中电网500 kV线路倒塔24基,220 kv线路倒塔18基,其他电压等级的线路同样受到了不同程度的损坏。最严重的一次是2008年的极端冰灾,该年1月南方14个省区遭遇了历史罕见的持续冻雨、冰雪极端恶劣天气的袭击,造成西南的川、渝、贵,华中的豫、鄂、湘等省市的输电线路大范围结冰,造成大量输电设施故障,华中电网遭受毁灭性打击。据不完全统计,冰灾最严重的时候导致3座500 kV变电站全停,38条500 kV线路强迫停运,222基500 kV的铁塔倒塌。冰灾最严重的湖南、江西两省500 kV电网基本瘫痪,故障停运的500 kV线路分别为18条和13条,故障停运的220 kV线路分别达到了77条和30条。同时,在冰风暴的作用下输电线路容易发生覆冰舞动。中国是导线舞动频发的国家之一,存在一条从东北的吉林到中部的河南再到湖南的舞动频发地带。在冬季由于特殊的低温、高湿、毛毛雨气象条件,加上平原开阔地或垭口的阵风,造成这一区域内的输电线路很容易发生覆冰舞动。根据运行经验,东北的辽宁、中部的河南、湖北是中国覆冰舞动最严重的地区。例如,2008年到2012年,河南电网共发生了7次导线舞动事故(单次舞动事故涉及一个时间段的多个地区和多条线路),其中有4次是大范围的导线舞动,对河南电网安全运行造成重大影响。

5.2.3　风灾

另一种对输电线路安全危害极大的气象灾害就是风灾。全球多地的输电线路都面临着强风灾害的威胁,而中国又是遭受风灾最严重的地区之一。根据电网的统计数据显示,风灾对输电线路安全运行的影响表现为：一是大风导致输电杆塔损坏，如吹掉导线、吹断横担、甚至吹倒杆塔；二是大风时对导线造成影响，如导线振动、风偏放电等。例如，2005 年 6 月强风导致江苏泗阳 500 kV 5237 线发生倒塔事故，一连串吹倒 10 基铁塔，还导致附近的 500 kV 5238 线故障跳闸，两条重要的 500 kV 输电通道同时停运，引发华东电网大范围停电，严重影响到华东电网的安全运行。在强风或飑线风的作用下，绝缘子串向杆塔方向倾斜，减小了导线与塔身的空气间隙，当空气间隙距离不能满足绝缘强度要求时就会发生风偏放电，造成线路跳闸。与雷电等其他气象灾害引起的跳闸相比，只要风力不减弱，风偏放电会持续反复发生，因此，风偏放电引起的线路跳闸后重合闸成功率较低，严重影响输电网安全运行。例如，中国广东沿海某 220 kV 输电线路在 2012 年 12 月 29—30 日的两天内共发生了 17 次风偏放电跳闸；新疆电网某 220 kV 线路在 2013 年 3 月 8 日发生了 6 次风偏放电跳闸。

　　另一种形式的风灾就是台风。中国是遭受台风影响最严重的地区之一，平均每年登陆中国的台风多达六七个。对电网而言，台风轻则造成线路剧烈摆动而对杆塔放电，重则严重损毁电力设施，使得恢复供电时间大大延迟。例如，2012 年 7 月 24 日，受台风"韦森特"影响，深圳岭深乙线发生了 4 次跳闸。2012 年 10 月 24—26 日飓风"桑迪"袭击了古巴、多米尼加、牙买加、巴哈马、海地等地，导致大量财产损失和人员伤亡，之后于 10 月 29 日晚在美国新泽西州登陆，给当地电网造成重创，灾害最严重时导致 800 多万人受到断电影响。

5.2.4　山火

　　近年来随着山区水电资源的不断开发，水电外送通道大都翻山越岭且多穿越森林覆盖区域，这些区域独特的地形条件和气候因素很容易引起山林火灾，从而导致架空输电线路故障跳闸。因山火造成的线路故障对电网安全运行的影响极大，其主要表现在：

　　(1)因山区地势原因，同一送电通道的两回或者多回线路常同塔架设，一旦发生山火可能造成同一送电通道的多回线路同时跳闸，导致大量水电不能送出，影响电网安全稳定；

　　(2)由于山火烟雾导致的闪络跳闸重合闸成功率较低，需要等到火势得到控制、烟雾散开之后才能强送，因此，线路强迫停运时间较长。

　　关于山火引发线路故障的机理，一般认为是山火发生后，熊熊燃烧的大火产生的热气流会向上窜动，一些导电物质也会跟随热气流往上运动，而热游离的气流在上升过程中会逐渐去游离，在导线和大地之间产生大量的电荷；导致导线与大地之间或者各相之间的空气间隙不满足工频电压闪络的最小距离要求，造成空气间隙击穿，引起线路闪络跳闸。在中国因山火造成线路故障跳闸的报道屡见不鲜，湖南电网 2009 年 2 月和 4 月发生了 13 次因山火引发的线路跳闸事故，其中 500 kV 线路跳闸 5 次，220 kV 线路跳闸 8 次。2009—2012 年，云南省遭受持续三年的干旱影响，频繁发生的山火灾害严重威胁到云南电网输电线路的安全运行，主要输电通道周边发现火情 230 余次，山火导致 220 kV 及以上线路故障跳闸 156 条次，特别是 2012 年 3 月 30 日 500 kV 宝七Ⅰ、Ⅱ回线因山火引发跳闸，构成了三级电力安全事件。

5.2.5　地质灾害

　　地质灾害的类型可以分为：滑坡、泥石流、塌陷、沉降以及地震等。长距离送电通道的超、特高压输电线路经常会翻越崇山峻岭、跨越大江大河，地形地貌差异、地质构造差异、水文地质差异、气候特征差异等特点决定了电力线路工程地质灾害风险分析与评估的特殊性。此外，地震发生时常给区域电网造成严重破坏,同时导致震区多条输电线路跳闸,更有甚者会永久性损坏输电设施,严重时还可能导致大电网解列运行。地震引起的输电线路损坏形式有绝缘子掉串、线路断线、杆塔倒塌等。地震也容易造成区域性供电中断,引起厂站设备损坏甚至导致厂站全停,引起通信故障甚至通信瘫痪,还可能影响到能量管理系统(EMS)的正常运行。

5.2.6　其他恶劣天气

对电网生产可能造成影响的其他恶劣天气包括:冰雹、高温、霜冻等。冰雹常伴随雷暴、大风等一起发生,冰雹可能砸坏户外电气设备,冰雹和大风共同作用砸倒树木也可能会挂断线路。高温对电网的影响一是造成用电负荷猛增,使得电网容量不能满足尖峰负荷需求;二是高温不利于线路散热,加之电流增大使线路发热增加,进而引起导线弧垂增大,会加速线路老化影响线路寿命,甚至有可能因为弧垂过大造成线路跳闸。霜冻主要会造成输电线路及绝缘子串覆冰。

5.3　电力专业气象服务体系

5.3.1　建立电力专业气象服务的必要性分析

气象灾害是造成架空输电线路故障的最主要原因,重要输电通道的多条线路通常穿越同一输电走廊,环境相似,在恶劣天气,气象灾害如短时的雷电、大风等强对流天气下,会引起输电线路舞动,由此而产生诸如导线电弧烧伤、金具损坏、导线断股断线、倒塔等危害,常常造成区域性的多条线路跳闸,呈现"短时故障聚集"效应。

5.3.1.1　电网故障主要由气象要素诱发

大气系统受到太阳辐射和地球公转、自转影响,大气流动不息,因此大气系统具有能量特征,大气环境具有周期性和波动性特征。大气环境的能量强度、持续时间和发生频率不同,对处在其中的架空输电线路的作用方式也不同。根据气象条件对输电线路安全影响的剧烈程度,可以分为气象要素的累积作用和气象灾害的冲击作用(见图 5-2)。

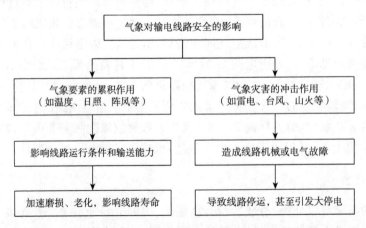

图 5-2　气象要素对电网故障的作用方式

　　气象要素的累积作用可以表述为大气环境对输电线路长年累月缓慢释放或施加能量,影响输电线路的运行状况,导致输电线路的机械或电气性能下降,长此以往会加速线路的磨损、老化,降低线路的输电能力。例如,温度、日照的逐渐累积和不可逆过程导致线路绝缘劣化,阵风的反复作用导致金具磨损,高温、强日照、低风速降低线路的可用传输容量等。

　　气象灾害的冲击作用可以表述为大气环境对输电线路短时释放或施加能量,导致输电线路机械或电气故障,造成线路强迫停运,甚至引发区域或大范围停电。例如,雷电冲击导致绝缘击穿发生闪络跳闸,台风吹断导线、刮倒杆塔,强风引起风偏导致闪络跳闸,山火造成导线对大地或相线之间闪络跳闸等。

　　气象因素对线路作用方式的边界条件还比较模糊,多次冲击作用会造成累积效应,长期累积的缺陷在不是特别极端的气象条件下也可能发展成冲击故障,还难以直接给出致灾边界条件。通行的方法是施加冲击荷载研究结构可靠性,确定结构设计标准;施加冲击电压、电流研究电气绝缘,确定电气设计标准。

　　在气象要素的微观累积作用方面目前也已开展了大量的基础研究,从机理上掌握了不同气象环境对输变电设备的电气绝缘、结构应力、磨损老化等的作用规律。例如,通过人工模拟气候室或野外观测站多年的试验,研究得到了不同的环境温度、相对湿度、风速、气压、大气污染物浓度等作用下导线覆冰增长、冰闪、污闪等的机理模型。

5.3.1.2　电网故障具有气象要素的时空性

　　南方地区气候特征呈现明显的夏长冬短的特点,线路主要受长夏季中的雷电、台风、大风、暴雨影响,故障时间分布呈平缓单峰特性。而黑龙江作为具有春夏秋冬四季分明的气候特点的地区,线路既受夏季强对流天气影响,又受冬季覆冰舞动影响,故障逐月时间分布通常具有"峰—谷—峰—谷"的多峰周期特性。所以,不同地区由于其地理气象环境和输电网络布局的差异,线路故障事件也会具有不同的地域空间分布特性。

　　由于气象灾害具有时空分布规律,因此可以从输电线路故障事件的时空分布特征以及气象与线路故障的关联关系入手,分析气象相关的线路故障的统计特征。

　　(1)气象影响输电线路的空间特征

　　1)不同地区的输电线路故障率不同,山区相较于平原地区故障率要高、沿海地区相较于内陆地区故障率要高。

　　2)不同地区的线路对各种气象灾害的敏感度不同,不同地区的气象条件不同,起主导作用的气象灾害也不同。

　　3)同一区域不同线路因设计和运维管理存在差异,不同线路抵御气象灾害的能力也不相同,线路故障率差别较大。

　　4)输电线路是由线路段和杆塔组成,特别是大容量长距离送电通道,各线路段自身参数、所处地形和微气象等均可能存在较大差异,因此同一条线路的不同区段故障率也不相同。

　　(2)气象影响输电线路的时间特征

　　1)输电线路故障率的时间分布存在较大起伏,这主要受气象灾害的季节特性影响,如夏天的雷雨、飑线风等强对流天气,冬季的覆冰、舞动、污闪等。

　　2)不同气象灾害作用下的输电线路故障概率和故障停运时间差别较大,例如,输电线路雷击故障概率很高,但重合闸成功率亦很高;而山火灾害造成的故障概率虽然不是特别高,但山火情况下重合闸成功率低,需要等到山火扑灭后才能恢复供电,平均故障停运时间相对较长,对输电线路输送能力的影响更大。

3)存在短时故障风险聚集效应,如短时的雷电、大风等强对流天气常常造成区域性的多条线路跳闸,给输电线路和电网造成短时聚集性风险。

5.3.1.3　电网故障可由气象风险管控

电力系统运行控制中,需要不断地在线辨识当前及未来的风险水平,采取有针对性的风险管控措施,才能确保电力系统运行安全。不同的运行控制要求对线路的气象风险特征信息的需求也是不同的。一般来说具有以下两类需求。

(1)故障时空特征统计信息。例如,在电力系统设计规划中,主要关心线路的年平均风险水平、最大和最小风险水平、不同地理位置的风险状况;在制定电网运行方式时,主要关心线路各月的风险水平,需要不同月份的线路故障率等信息。

(2)在线风险跟踪信息。例如,电力系统实时调度中,需要掌握线路风险随时间的变化情况,便于制定合理运行方式保障发电和用电维持平衡。

为有效防御极端气象灾害造成大停电事故,可将气象等非电气量信息引入停电防御系统,基于各类气象灾害的形成及演化机理,建立电力设备故障的概率模型,在电网风险协调控制中融合气象信息和设备负载率,构建外部灾害引发电力设备故障的概率模型,在线跟踪外部灾害的变化,结合潮流转移事件序列,选择风险大的故障序列进行预防控制,动态评估相继故障风险并进行预警。

气象等非电气量信息可通过输电线路气象风险系统接收,在以电子地图为核心的地理信息系统(GIS)平台上通过图形或表格形式多角度、全方位展示地理区域、输电线路、杆塔的实时、预报和灾害预警气象信息,实现雷电、暴雨、大风、覆冰、台风、山火、地质灾害等恶劣天气造成线路的故障风险评估,给出量化的故障风险概率或故障风险等级预警信息,为电网调度、维修作业、应急抢险等提供决策支持,增强电网应对恶劣气象条件的能力,提高电网安全运行水平。其中输电线路气象风险需要接收的信息主要包括设备地理信息和精细化气象信息。

1)设备地理信息

设备地理信息主要是杆塔和线路的地理信息和基本参数。杆塔信息包括:杆塔类型、杆塔编号、经度、纬度、海拔高度、制造厂家、安装位置、地质环境信息,杆塔的绝缘子串型号、串数、绝缘子片数,耐张塔转角,杆塔水平档距、垂直档距等。线路信息包括:线路序号、电压等级、线路编号、线路名称、起止地点、线路规格、线路类型、回路数量、输电长度、设计风速、设计冰厚、分裂数、分裂间隙等。

2)精细化气象信息

不同气象灾害影响输电线路安全的作用机理、时间长短、影响范围存在很大差异,使得不同的气象灾害预警对气象信息的需求在时间和空间上并不完全一致,通过调研已有机理性研究的结论,并结合气象—线路故障关联统计分析的规律,归纳了典型气象灾害下线路风险对气象信息的需求(见表5-1)。

表 5-1　典型气象灾害下线路风险对气象信息的需求

预警对象	气象信息		时空分辨率
雷电	要素:雨量		$1\text{ km}\times 1\text{ km};0.5\sim 4\text{ h};10\text{ min/p}$
	事件:云高、雷达回波强度和顶高、垂直累计液态水		
舞动	要素:降水量,温度,相对湿度,风速,风向		$1\text{ km}\times 1\text{ km};0\sim 24\text{ h};1\text{ h/p}$
	事件:雨凇,雾凇,冻雨,覆冰		
风灾	要素:风速,风向		$1\text{ km}\times 1\text{ km};0.5\sim 4\text{ h};15\text{ min/p}$
	事件:龙卷,飑线风,台风		
覆冰	要素:降雨量,温度,相对湿度,风速,风向		$1\text{ km}\times 1\text{ km};0\sim 24\text{ h};1\text{ h/p}$
	事件:雨凇,雾凇,冻雨		
污闪	要素:温度,湿度,气压,降水,风速,风向		$3\text{ km}\times 3\text{ km};0\sim 24\text{ h};1\text{ h/p}$
	事件:雾,霾,沙尘暴,毛毛雨		
地质灾害	要素:降雨量		$3\text{ km}\times 3\text{ km};1\text{ h},3\text{ h},6\text{ h},12\text{ h},24\text{ h}$ 降雨量
	事件:暴雨,台风		
山火	要素:温度,湿度,降水量,风速,风向		$1\text{ km}\times 1\text{ km};0\sim 24\text{ h};1\text{ h/p}$
	事件:干旱,高温,雷电,清明、秋收时节		前 10 d,逐日历史数据

　　目前黑龙江输电线路投运后的风险主要来自外部气象环境尤其是气象灾害的冲击作用影响,而对气象灾害冲击作用规律的认识和数学描述手段目前仍很缺乏,如果能构建气象灾害冲击作用的统计特征描述方法,结合已有的机理特征模型,就能更为全面地掌握气象对输电线路的作用方式及规律特征,还可利用气象预报信息对输电线路可能遭受的气象灾害进行在线故障预测和风险预警,提前采取针对性的降风险措施,保障输电线路的安全运行。

5.3.2　黑龙江省电力保障服务——电力舞动研究

5.3.2.1　黑龙江省电线覆冰分析

　　电线覆冰(电线积冰)是雨(雾)凇凝结在导线上或湿雪冻结在导线上形成的一种天气现象,由于电线积冰,增加了电网输电线路的荷载,一旦超过线路设计标准,较易发生断线、倒杆、闪络等现象,会导致区域大面积断电等事故,是一种特殊的气象灾害。

　　由于黑龙江省纬度的南北跨度达到 10°以上,南北相距 1120 km,冬夏温差非常大,春、秋两季天气变化剧烈,温度方面南北温差较大,南部地区的年平均气温基本在 3~5℃之间,而北部地区基本在 0℃以下,最北部的漠河甚至在−4℃左右。这些与南方各省(自治区)都有相当大的差异,例如:哈尔滨 1 月同 7 月平均气温相差达 41℃,几乎为广州的 3 倍。黑龙江省的年霜降日数全部在 100 d 以上,黑龙江气象站点和观冰站点分布见图 5-3。

　　随着气候变暖、极端气候事件的增多,其积冰灾情不容忽视:1983 年 4 月 28—30 日,齐齐哈尔、富裕一带发生严重覆冰灾害,每米导线上的结冰重量达 1.4~3.5 kg,电线、电杆及输电塔的负重急剧增加,倒、断线 49×10^{4} 根之多,造成电网大面积瘫痪,难以供电;2005 年 3 月 27 日,罕见暴风雪造成大庆供电区 50 余条线路跳闸,齐齐哈尔供电区 8 条线路跳闸 10 次,此次积冰灾害造成大庆地区电网负荷损失总计约 500 MW,齐齐哈尔地区 6 万余用户受到波动。黑龙江观冰站出现的雨凇、雾凇最大直径、冰厚、冰重见表 5-2。

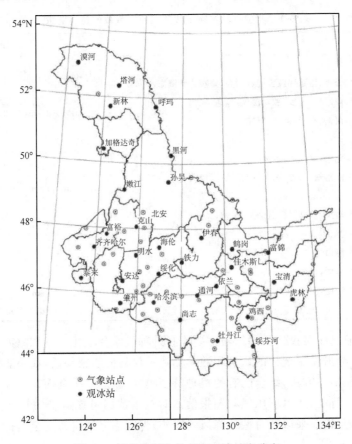

图 5-3　黑龙江气象站点和观冰站点分布

表 5-2　黑龙江观冰站出现的雨凇、雾凇最大直径、冰厚、冰重

站名	最大直径（mm）		最大冰厚（mm）		最大冰重（g）	
	雨凇	雾凇	雨凇	雾凇	雨凇	雾凇
漠河	31	24	30	21	100	16
塔河	15	14	11	13	108	*
新林	20	5	20	5	100	*
呼玛	36	14	22	14	120	*
加格达奇	49	18	23	13	80	12
黑河	30	32	25	28	208	12
嫩江	29	43	23	35	300	18
孙吴	24	3	23	3	60	*
北安	6	35	6	18	*	20
克山	7	42	5	30	*	28
富裕	62	26	50	8	1183	12
齐齐哈尔	56	34	47	27	1400	14
海伦	17	30	16	28	20	20
明水	14	32	8	25	40	28
伊春	23	8	17	6	80	*

续表

站名	最大直径(mm)		最大冰厚(mm)		最大冰重(g)	
	雨凇	雾凇	雨凇	雾凇	雨凇	雾凇
鹤岗	22	31	19	16	200	11
富锦	7	30	6	22	*	40
泰来	23	35	13	20	96	36
绥化	13	44	9	34	10	25
安达	15	29	14	23	72	31
铁力	14	48	10	28	14	60
佳木斯	7	25	7	25	*	12
依兰	5	29	5	26	*	33
宝清	25	20	15	18	36	***
肇州	17	33	14	20	64	24
哈尔滨	7	26	6	23	*	11
通河	37	35	27	22	100	40
尚志	35	46	25	34	120	24
鸡西	**	13	**	13	**	*
虎林	44	24	39	20	75	13
牡丹江	6	25	6	22	*	20
绥芬河	5	30	4	15	*	63

注:*代表微量、不测重;**代表未出现;***代表缺测。

雨凇的最大直径在 5～62 mm,有 50% 的观冰站最大直径在 5～20 mm,有 13 个台站在 22～49 mm,最大值在富裕(62 mm),其次是齐齐哈尔(56 mm);雾凇的最大直径在 3～48 mm,有 19 个站的雾凇最大直径在 3～30 mm,占台站数的 59.4%,13 个站在 31～48 mm,最大值出现在铁力,其次是尚志;最大直径在 30 mm 以下的雨凇雾凇台站比为 23:19,在 31～50 mm 的台站比为 6:13,所以虽然雨凇最大直径的最大值大于雾凇,但是整体来看则普遍小于雾凇。雨凇的最大冰厚在 4～50 mm,20 mm 以下的台站数为 20 个站,22～40 mm 的台站数为 9 个站,最大值也出现在富裕(50 mm),其次是齐齐哈尔(47 mm)。雾凇的最大冰厚在 3～35 mm,20 mm 以下的台站数为 15 个站,21～35 mm 的台站数为 17 个站。同样,雨凇最大冰厚的最大值远大于雾凇,但整体来看仍小于雾凇。雨凇的最大冰重在 10～1400 g,除了齐齐哈尔(1400 g)、富裕(1183 g)外,均在 300 g 以下。其中,100 g 以下的有 20 个站,100～200 g 的有 6 个站,200～300 g 的有 3 个站;雾凇的最大冰重在 11～63 g。其中,20 g 以下的有 19 个站,20～40 g 的有 10 个站,最大值在绥芬河(63 g),其次在铁力(60 g)。

分析可知,黑龙江省雨凇的密度要远大于雾凇,多数站最严重积冰现象是由雨凇导致的,雨凇对积冰灾害的形成有着至关重要的影响。

5.3.2.2　黑龙江省近 10 a 输电线路舞动情况

黑龙江省电网在 2000—2010 年发生线路舞动为 6 次,其中有两个主要因素与气象条件相关,见表 5-3。

表 5-3　黑龙江省电网 2000—2010 年 66(110)kV 及以上输电线路舞动统计

线路名称	导线舞动发生日期	电压等级(kV)	舞动杆段号	海拔高度(m)	导线舞动区地形	风速(m/s或级)	风向	舞动杆段路线走向	温度(℃)	导线是否覆冰	舞动主要形式
大春甲乙线	2008-4-9	220	17—19	146.4	平原	5.5～10.7	东北偏东	南北	7.4～3.5	少量覆冰	上下
红卧甲乙线	2010-3-12	110	8—12、21—26	151.1	平原	10.2	西北偏北	东西	−8～−5	少量覆冰	上下
开三甲线	2010-3-12	110	10—14	148.7	平原	10.2	西北偏北	东西	−8～−5	少量覆冰	上下
三南甲乙线	2007-3-26	220	125—126	116—118	平原	7 级	北风	东西	−15	无	上下
绥利线	2004-3-28	66	1#—2#	150.2	平原	5 级	西风	南北	−4.2	无	上下
康兰乙线	2006-3-25	66	212#—213#	151.3	平原	5 级	西北	南北	−5.6	无	上下

5.3.2.3　黑龙江省电力线路舞动分布参考因子

（1）线路舞动频次

舞动次数统计应以气象过程为准，同一区域一次气象过程引起的线路舞动记为一次。线路舞动频次是舞动区域划分的一个主要参考指标。在单独考虑舞动频次的情况下，按照以下原则划分：

3 级区（强）：近 10 a 以来发生过 5 次及以上线路舞动的线路区域；

2 级区（中）：近 10 a 以来发生过 3～4 次舞动的线路区域；

1 级区（弱）：近 10 a 以来发生过 1～2 次舞动的线路区域；

0 级区（非）：近 10 a 以来从未发生过舞动的线路区域。

由于黑龙江省电网线路舞动情况的特殊性，2000—2010 年发生线路舞动频次最高的线路的仅为 1 次。使用频次法划分舞动区域等级，还不能真实地反映线路舞动风险的实际情况，需要进一步积累观测数据。但根据《规则》的要求，凡是发生过舞动的线路区段，以该线路舞动区段为中心，取线路两侧 5 km 的走廊，该区域舞动等级为 1 级。

（2）运行经验

汇集生产运行一线人员掌握的线路结构与参数，以及在线路巡视、维护过程中线路舞动情况，对个别地区舞动风险等级、个别线路的易舞区段进行调整。

（3）雨凇

雨凇能够引起导线积冰，且雨凇发生时风速较大，因此雨凇是影响线路舞动的一个重要参考因素。特别是黑龙江省电网这样线路舞动发生频次较少的地区，雨凇分布是指导舞动分级的最重要影响因素。

（4）风向风速

要形成舞动，除覆冰因素外，舞动还需有稳定的层流风激励。舞动风速范围一般为 4～20 m/s，且当主导风向与导线走向夹角大于 45°时，导线易产生舞动，该夹角越接近 90°，舞动的可能性越大。因此,风向风速的影响也是指导舞动分级的最重要影响因素。

(5)雾凇

由于雾凇发生时,平均风速较小,因此,雾凇引起导线覆冰后,风激励的作用相对较弱,舞动发生的风险级别相对较低。

(6)电线积冰

舞动多发生在覆冰雪的导线上,电线积冰厚度一般为 2.5~48.0 mm。导线上形成覆冰需具备三个条件:空气湿度较大,一般 90%~95%,干雪不易凝结在导线上,雨凇、冻雨或雨夹雪是导线覆冰常见的气候条件;合适的温度,一般为 −5~0℃,温度过高或过低均不利于导线覆冰;一定的风速,使空气中水滴运动的风速一般大于 1 m/s。

(7)地形、地貌、地质特征

依据输电线路杆塔所处位置的具体形式、地貌特点以及地质特点,对之前确定的等级进行调整。

5.3.2.4　黑龙江省架空输电线路舞动等级分布

(1)划分 3 级区(强)依据

黑龙江省近 10 a 以来没有发生过 5 次及以上线路舞动的线路区域;综合近 10 a 综合气象、地理因素也无极易发生舞动的区域。

(2)划分 2 级区(中)依据

黑龙江省近 10 a 以来没有发生过 3~4 次线路舞动的线路区域;综合近 10 a 综合气象、地理因素也无易发生舞动的区域。

(3)划分 1 级区(弱)依据

发生过舞动的线路区段,以该线路舞动区段为中心,取线路两侧 5 km 的走廊,该区域舞动等级根据《规则》中的规定为 1 级,包括大春甲乙线 17♯~19♯杆塔为中心,线路两侧 5 km 走廊;红卧甲乙线 08♯~12♯、21♯~26♯杆塔为中心,线路两侧 5 km 走廊;开三甲线 10♯~14♯杆塔为中心,线路两侧 5 km 走廊;三南甲乙线 125♯~126♯杆塔为中心,线路两侧 5 km 走廊;绥利线 1♯~2♯杆塔为中心,线路两侧 5 km 走廊;康兰乙线 212♯~213♯杆塔为中心,线路两侧 5 km 走廊。由于在部分恶劣天气过程中,部分线路发生舞动没有跳闸,没有记录。这一情况造成在图 5-4 中显示出的等级区域不连贯,根据《规则》中考虑相同气象、地理因素等条件,将该等级区域结合运行经验进行整合,这样就形成了以大春甲乙线 17♯~19♯杆塔为中心,线路两侧 5 km 走廊、红卧甲乙线 08♯~12♯、21♯~26♯杆塔为中心,线路两侧 5 km 走廊、开三甲线 10♯~14♯杆塔为中心,线路两侧 5 km 走廊为支点的带状区域;以三南甲乙线 125♯~126♯杆塔为中心,线路两侧 5 km 走廊、绥利线 1♯~2♯杆塔为中心,线路两侧 5 km 走廊、康兰乙线 212♯~213♯杆塔为中心,线路两侧 5 km 走廊为支点的带状区域,两个带状区域的舞动等级为 1 级。

(4)划分 0 级区(非)依据

哈尔滨地区每年 11 月至次年 3 月风向以西南风、东南风为主,主导风向与部分线路的导线走向夹角大于 45°,且有风速大于 4 m/s 的记录;另根据省气象台统计,哈尔滨地区 10 a 间发生雾凇现象有 15 d,无雨凇记录,个别月份出现过模拟线路南北、东西走向积冰厚度均为 6~8 mm;综合气象和运行经验进行分析,发生舞动地区属局部地区微气候条件所致,哈尔滨大部地区属于不具备发生舞动区域,划分为 0 级区(非)。

齐齐哈尔地区位于松嫩平原中部,齐齐哈尔市常年风力较大,尤其在每年的 11 月至次年 4 月风力平均在 5 级以上,据气象监测区站数据统计,1999—2009 年齐齐哈尔市雾凇日为 25 d,无雨凇日记录,个别月模拟线路积冰厚度在 4~16 mm,综合气象和运行经验进行分析,齐齐哈尔大部地区属于不具备发生舞动区域,划分为 0 级区(非)。

大庆地区气象监测区站 10 a 间气象数据结果表明:雾凇天气累计 19 d,雨凇天气累计 3 d,主导风向西北风,月平均风速大于 4 m/s 的月份累计 17 个月,无导线积冰记录。由于大庆地区温度随季节变化明显,气候相对干燥,不易发生雨凇、雾凇、黏雪等容易引发输电线路舞动的天气,综合气象和运行经验进行分析,发生舞动地区属局部地区微气候条件所致,大庆大部地区属于不具备发生舞动区域,划分为 0 级区(非)。

绥化地区气象监测区站 10 a 间气象数据结果表明:雾凇日为 57 d,无雨凇记录,月平均风速大于 4 m/s 的月份累计 12 个月,个别月模拟线路积冰厚度在 5~28 mm,且多发生于中部地区,综合气象和运行经验进行分析,绥化除中部地区外的区域属于不具备发生舞动区域,划分为 0 级区(非)。

佳木斯地区气象监测区站 10 a 间气象数据结果表明:雾凇日为 6 d,雨凇日为 3 d,月平均风速大于 4 m/s 的月份累计 12 个月,个别月模拟线路积冰厚度在 4~10 mm,综合气象和运行经验进行分析,佳木斯地区属于不具备发生舞动区域,划分为 0 级区(非)。

鹤岗除北部新华外地区、鸡西中西部鸡东、密山、虎林地区处于三江平原和兴凯湖平原,常年风速较大,月平均风速大于 4 m/s 的月份累计 15 个月和 53 个月,无雨凇、雾凇及线路积冰现象,综合气象和运行经验进行分析,鹤岗除北部新华外地区、鸡西中西部鸡东、密山、虎林地区属于不具备发生舞动区域,划分为 0 级区(非)。

黑河西部五大连池地区和七台河中部小五站、新民地区属局部特殊气象地区,2006 年在五大连池地区发生过龙卷,造成 220 kV 吴线、110 kV 孙线、110 kV 龙线三条线路倒杆塔事故,且该段区域属于风口地带,经常发生暴风灾害;七台河中部小五站、新民地区处于洼地风口,常年风力较大。2007 年 6 月 26 日,因龙卷造成新三甲 13♯—21♯ 倒杆事故,周边有矿务局线路设备先后倒塌;但无线路舞动记录及雨凇、雾凇、导线积冰记录,综合气象和运行经验分析认定该地区属于不具备发生舞动区域,划分为 0 级区(非)。

大兴安岭地区、加格达奇地区、伊春地区、牡丹江地区,鹤岗、双鸭山、七台河、鸡西除 1 级外地区多为山区,全年风速较小,无雨凇记录,雾凇发生的也极少,综合气象和运行经验分析认定这些地区属于不会发生线路舞动,划分为 0 级区(弱)。

5.3.2.5　黑龙江省电力线路舞动分布图

以运行经验、气象信息、地形、地貌为基础,统计近 10 a 的线路舞动情况,根据跳闸次数进行等级评定,在 GIS 地图中生成 5 km 范围的区域时,出现了哈尔滨、大庆、绥化地区线路舞动记录地区 5 km 范围(1 级区)和周边区域(0 级区)跳变现象。并根据《规则》中考虑相同气象、地理因素等条件,将在部分恶劣天气过程中,部分线路发生舞动由于没有跳闸,没有记录的等级区域进行整合,绘制黑龙江省电力线路舞动分布图。

5.3.3　电力专项气象服务产品及服务个例

5.3.3.1　电力专项气象服务

电力保障事关生产生活和民生,是气象灾害的高敏感行业,为了有效降低气象灾害对电力运输带来的不利影响,需要气象部门的密切配合,提供专业的电力气象服务,为电力系统的正常运行做好保障。

(1)气象要素对电力影响的临界值

气象要素临界值是指某一天气现象影响具体生产环节的临界条件,电力专家对黑龙江省气象要素临界值评估结果表明:降雪临界值为大雪,电线积冰厚度为 1~10 mm,降雨临界值为大雨,风力为 7~8 级,最高、最低温度分别为 36~37℃ 和 −5~0℃,相对湿度大于 60%,能见度小于 200 m 的雾或霾,夏季升温、冬季温降温分别是 4℃ 和 10℃。

(2)气象要素对电力影响的有效时段

电力对气象预报时段的要求是根据具体的电力环节来确定的,不同环节对预报时段要求不尽相同,降雪有效时段为 12~24 h、24~48 h,电线覆冰、降雨、最高温度、最低温度、夏季升温幅度、冬季降温幅度为 24~48 h、闪电雷暴、风力、雾霾为 12~24 h。

(3)电力气象预报、预警信息服务产品

气象部门为电力公司提供的主要产品有年报、季报、月报、旬报、周报以及短期、短时预报等电力相关预报,在时间上、空间上实现全覆盖、无缝隙服务;涉及的关键天气预报预警有冬季低温冰冻、暴雪、雷电、大风、暴雨、雾霾和夏季高温等,电网运行气象预警服务产品(见表 5-4);在天气气候趋势上有雨季开始、汛期降水趋势、雨水集中期、雨季结束、干旱预测等。

在气象产品发布渠道上多方式并举,通过手机短信、电话、传真、电子显示屏、电子邮件等方式,并建设专业服务系统和网站,实现信息共享。

表 5-4　电网运行气象预警服务产品

名称	服务条件
输电线路大风预警	输电线路区域可能出现 6 级以上的平均风力
输电线路雷电预警	输电线路区域可能出现雷电
输电线路降雪预警	输电线路区域可能出现大雪以上的降雪
输电线路高温预警	输电线路区域可能出现 40℃ 的高温
输电线路雾预警	输电线路区域可能出现能见度 200 m 以下的雾
输电线路霾预警	输电线路区域可能出现中度以上的霾
输电线路沙尘暴预警	输电线路区域可能出现沙尘暴
输电线路冰雹预警	输电线路区域可能出现冰雹
输电线路暴雨预警	输电线路区域可能出现暴雨
输电线路电线积冰预警	输电线路区域可能出现导致电线积冰的天气(湿雪、冻雨、雾凇、雨凇等)

5.3.3.2　电力专业气象服务个例

电力气象服务专题

（2017年8月21－9月4日）

黑龙江省气象服务中心　　　　　**2017 年 08 月 21 日**

一、重点天气提示

1、全省多降水过程

未来10天（8月21-30日），我省降水天气过程较多，齐齐哈尔、大庆西部、牡丹江、鸡西、七台河降雨量有10～30毫米，其他地区降雨量有30～50毫米，其中大兴安岭东部、黑河降水量有50～80毫米。

主要天气过程

21日，中西部地区有小到中雨，局地有大雨。

23-24日，全省大部地区有一次中雨天气过程，局地有大雨。

25-27日，中北部地区多阵雨或雷阵雨，北部局地有中雨。

28-30日，全省大部有阵雨。

另外，降水地区易出现短时强降水、雷暴大风、冰雹等强对流天气。

2、各地气温降幅较大

23-28日，大部地区气温明显下降，降温幅度为6～8℃，北部地区最高气温降至20℃左右，南部地区降至22～24℃。另外，24-25日全省大部地区有4～5级偏西风，阵风6-7级。

二、未来7天（8月21-27日）天气预报

1、气温预报

21-22日，各地气温维持较高，全省大部最高气温为26～30℃。23-27日，大部地区气温明显下降，最高气温为18～26℃，最低气温北部地区为6～10℃，其它地区为12～16℃。

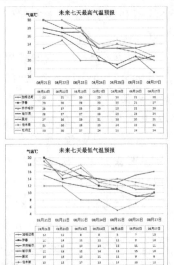

2、降水量等级预报

8月21日（图1）：中西部地区有小到中雨，局地大雨。

图1. 全省降水量预报图（8月21日08时-22日08时）

8月22日（图2）：北部及东部部分地区有阵雨。

图2. 全省降水量预报图（8月22日08时-23日08时）

8月23日（图3）：西北部和中东部大部地区有中雨，其中西北部和大庆南部、绥化南部、哈尔滨、佳木斯西部局地有大雨，其它地区有小雨。

图3. 全省降水量预报图（8月23日08时-24日08时）

8月24日（图4）：中北部地区有阵雨，其中北部地区有中雨，局地有大雨。

图4. 全省降水量预报图（8月24日08时-25日08时）

8月25日（图5）：中北部地区有阵雨，北部局地有中雨。

图5. 全省降水量预报图（8月25日08时-26日08时）

8月2C日（图C）：北部及东北部地区有阵雨。

图6. 全省降水量预报图（8月26日08时-27日08时）

8月27日（图7）：西北部地区有阵雨。

图7. 全省降水量预报图（8月27日08时-28日08时）

三、后期（8月28-9月4日）天气展望

28-30日，全省大部有阵雨。

0月2-4日，还将有一次降雨天气过程。

5.4　电网运行的相关气象标准

电网运行与气象关系密切，为了使电网运行更加科学、有效，电网运行部门需要准确、及时、有针对性的气象服务产品，根据全国各级气象部门已开展的电网运行气象服务实践，经总结、归纳、提炼，制定用电需求气象条件指数标准以及等级划分。

5.4.1　气象敏感负荷条件指数等级

因气象要素变化原因引起的电力负荷的变化量，以兆瓦（MW）为单位。

表 5-5　黑龙江省气象敏感负荷条件指数等级

等级	名称	强度解释	气象敏感负荷条件指数范围	表征颜色
一级	低敏感负荷条件指数	基本负荷或低敏感负荷	[7.0.30.0]	蓝
二级	较高敏感负荷条件指数	较高敏感负荷	[-4.0.6.0]或[31.0.33.0]	黄
三级	高敏感负荷条件指数	高敏感负荷	[-17.0.-5.0]或[34.0.36.0]	橙
四级	尖峰敏感负荷条件指数	最高敏感负荷	(-∞.-18.0]或[37.0.+∞)	红

5.4.2　气象敏感用电量条件指数等级

因气象要素变化原因引起的用电量的变化量，以千瓦时（kW·h）为单位。

表 5-6　黑龙江省气象敏感用电量条件指数等级

等级	名称	强度解释	气象敏感用电量条件指数范围	表征颜色
一级	低敏感用电量条件指数	基本用电量或低敏感用电量	[10.0.26.0]	蓝
二级	较高敏感用电量条件指数	较高敏感用电量	[-1.0.9.0]或[27.0.29.0]	黄

等级	名称	强度解释	气象敏感用电量条件指数范围	表征颜色
三级	高敏感用电量条件指数	高敏感用电	[−14.0,−2.0]或[30.0,33.0]	橙
四级	尖峰敏感用电量条件指数	最高敏感用电	(−∞,−15.0]或[34.0,+∞)	红

5.4.3　电线积冰气象条件指标

根据电线积冰情况可把全国电线积冰区域分为三种类型区。

雾凇型区——电线积冰以雾凇为主的区域,雾凇出现频次超过70%;

雨凇型区——电线积冰以雨凇为主的区域,雾凇出现频次超过70%;

混合型区——电线积冰以混合凇为主的区域,雨凇和雾凇出现频次相近。

前一天日平均气温、日平均相对湿度、日平均风速同时满足相应的气象指标(见表5-7),相对应区域有可能发生电线积冰现象。

表 5-7　电线积冰气象条件指标

区域	日平均气温(℃)	日平均相对湿度(%)	日平均风速(m/s)
雾凇型区	[−24,−3]	[65,100]	[0,7]
雨凇型区	[−10,−1]	[75,100]	[0,8]
混合型区	[−7,0]	[70,100]	[0,5]

5.4.4　电线积冰气象风险等级

以气象条件持续时间或标准冰厚(B_0)作为指标(见表5-8),将电线积冰划分为4级。

表 5-8　电线积冰气象风险等级

风险等级	气象条件持续时间(d)	标准冰厚(mm)
1级(轻)	1~3	$B_0 < 5$
2级(中)	4~6	$5 \leqslant B_0 < 10$
3级(重)	7~11	$10 \leqslant B_0 < 15$
4级(严重)	≥12	$B_0 \geqslant 15$

5.5　黑龙江省电力气象服务展望

气象灾害种类众多,不同气象灾害对输电线路的致灾机理各有不同,电网承受不同气象灾害的能力也不一样,防御气象灾害是电力系统的一项十分重要的问题,电力专业气象服务应用技术研发,相关研究都已经展开,不过现成可用的理论方法、数学模型和技术标准依旧十分匮乏,同时输电线路气象风险涉及多变量、时变性、随机性、强耦合、非线性等难点问题,具体包括:

(1)多变量,既有气象要素信息,又有线路结构参数、电气参数,还有地理位置、地形地貌等多源信息,变量繁多;

(2)时变性,电气参数和气象参数都具有很强的时变性,特别是气象参数,短时冲击和长期累积作用效果差异很大；

(3)随机性，气象参数(如风速)具有波动性，电气绝缘击穿放电具有随机性，因此，致灾边界条件具有模糊性，当接近边界条件时故障发生与否具有概率随机性；

(4)强耦合，电网故障涉及气象、线路、地理位置、时间，气象要素和输电线路在时空上耦合于地理位置和有效时间，四者同时具备才起作用；

(5)非线性，输电线路的电气绝缘耐受能力和结构应力都具有非线性特点，给电力气象高质量服务带来一定困难。

而且电网专业气象服务在很大程度上依赖于气象信息的质量，但服务于电网运行需要的电力气象技术还不完善，许多电网关心的气象信息，如强对流天气中的雷达回波信息、冻雨天气中的高层气象要素，气象部门都还不能完全满足。为此，需要同气象科技人员一起，在现有气象预报信息的基础上，对电网重点关心的气象灾害预报信息进行再加工，目前相关工作已经启动，如中国气象局、中国气象科学研究院、重庆大学和国家电网公司共同合作开展的国网重大基础前瞻项目"基于精细化气象预报的输电线路预警技术研究"，联合多家单位的优势，正积极探索和深化精细化电力气象预报技术，未来会有越来越多更有价值的信息供给电网规划设计和运维检修人员使用。

第6章　黑龙江省农业气象服务

6.1　黑龙江农业大省介绍

黑龙江省耕地面积和人均耕地占有量均居全国首位,广袤的黑土地是世界仅有的三大黑土带之一,耕地平坦,耕层深厚,适于优质粮食和经济作物种植。

境内河流湖泊众多,水资源总量达到 810 亿 m^3,居东北、华北和西北各省之首,是我国北方地区水资源最富集的省份。此外,还有界江界湖过境水量 2710 亿 m^3。

农机保有量、田间作业综合机械化程度位居全国之首。特别是近年来,新型农机装备制造业快速发展,具备了研发生产大型农机装备的能力。黑龙江省拥有东北农业大学、黑龙江八一农垦大学、黑龙江省农业科学院等科研、教学单位 41 所,农业科技和推广人员 4.7 万名,农业科技力量雄厚,近年已研发出一批具有全国先进水平的科技成果。

黑龙江省具有规模生产优势。土地集中连片,适合规模化生产、集约化经营。2010 年全省土地规模经营面积达到 6573 万亩,农村土地流转面积达到 3263 万亩,畜牧业规模化养殖比重达到 68%。

黑龙江省地处高寒高纬度地区,开发时间较晚,森林、草场、湿地资源丰富,生态环境良好,具备开发有机和绿色食品得天独厚的条件,绿色无公害食品认证面积、实物生产总量连续多年位居全国首位,安全优质的农产品在国内外市场有较高的知名度和占有率。

黑龙江省已形成了以粮食、畜牧产品、山特产品为主的农产品加工体系,拥有一批国内外知名的大型农产品加工企业集团,对全省农业产业化经营具有较强的拉动作用。

黑龙江垦区耕地是国内耕地规模最大、机械化水平最高、综合生产能力最强的国有农场群,农业机械化、标准化、规模化和产业化走在全国前列,粮食生产达到世界先进水平。黑龙江大农业发展任务依然艰巨。基础设施薄弱的问题依然突出。农业基础设施建设滞后,特别是缺少大型水利工程和大型农机装备,抵御自然灾害能力不强,粮食持续稳定增产的基础不稳固。服务能力低的问题依然突出。全省农业技术推广、农产品质量检测、动植物疫病防控、农业信息、农资供应、农村金融保险等社会化服务体系条件和能力建设滞后,制约了现代化大农业发展。产业链条短的问题依然突出。农产品原字号出售和粗加工比重大,产业链条短,精深加工率、附加值和综合效益偏低,资源优势未能转化为产业和经济优势。经营规模小的问题依然突出。农业生产的组织化、规模化、市场化、专业化程度较低,小规模、分散经营的生产方式难以适应现代化大农业发展。粮食生产与流通能力不匹配的问题依然突出。粮食仓储、烘干、加工、物流等基础设施落后,粮食保管和运输成本高;市场体系建设滞后,粮食顺畅流通压力较大。新型职业农民少的问题依然突出。农业从业人员老龄化、妇女化、低龄化趋势明显,培育一大批符合现代化大农业发展需要的新型职业农民任重道远。

6.2　黑龙江省主要农业气象灾害

6.2.1　干旱

干旱是影响农业生产的主要灾害。它是由于长时间降水偏少,出现空气干燥,土壤缺水,使农作物体内水分发生亏缺,影响正常生长发育,造成农业减产,人畜缺水困难以及生态环境恶化的现象。主要发生在春季,夏季次之,春夏连旱时有发生,其中春旱和夏旱对农业生产影响较大。黑龙江省的西部地区是最易发生春旱的地区,素有"十年九春旱"之说。干旱会导致苗期拖后、粮食减产、质量下降、甚至绝产。

黑龙江省在农作物生长季期间时常发生干旱,根据灾情普查数据来看,每年都会发生不同程度的旱情,平均每年农作物受灾面积为 4.5 万 hm^2,绝收面积为 1.2 万 hm^2。其中 2000 年黑龙江省发生严重旱情,自 5 月中旬开始,全省自西向东、自南向北发生了严重干旱高温少雨旱情不断加重,农作物生长受到严重影响,大豆、玉米损失最为突出,造成全省农作物受灾面积达到 583.6 余万公顷,绝收面积为 143.7 万 hm^2,粮食减产 62 亿 kg,直接经济损失近 80 亿元。此次干旱灾害范围大、持续时间长、受旱程度重,损失之大是历史罕见的。

从气象角度考虑,防御干旱首先应找出造成干旱的根本原因,从根本入手,才能达到治标又治本的目的。防御干旱最基本的途径是改善生态环境,栽培农田防护林保持水土,兴修水利。在作物生长季内,当出现长期无雨的气候条件时,气象部门重点加强监测预报工作,为抗御干旱提供气象参考:

(1)加密观测土壤水分状况,加强分析评价;

(2)加密监测分析气候要素变化;

(3)加强不同时间尺度的天气预报;

(4)适时开展人工增雨。

6.2.2　暴雨洪涝

暴雨洪涝灾害对农业的影响较为严重,此灾害来得快、雨势猛,会使农田土壤过湿,低洼地块作物被淹,农作物生长缓慢、发育迟缓,有的地块因积水过多,农作物甚至被淹绝收。暴雨洪涝灾害多发生在 7 月、8 月,其中西部地区多短时局地暴雨,中、东部多大范围暴雨。1998 年全省持续多雨,嫩江、松花江流域发生特大洪水,造成全省 63 个县(市)受灾,农作物受灾面积达 3097 万 hm^2,绝产 138.6 万 hm^2,各种损失高达 315.7 亿元。

暴雨、洪涝灾害是气象灾害中重大的多发性灾害,做好农业洪涝防御工作要从以下几点入手。

(1)开展暴雨、洪涝灾害灾情空间分布的研究分析,准确掌握灾情信息,此项工作对防御洪涝非常重要。

(2)洪涝灾害往往具有突发性和范围大的特点,用卫星遥感监测大面积的洪水,视野宽广,洪水边界清晰,因此,遥感信息产品的引入会使洪涝灾害灾情监测更及时准确。

(3)加强农业洪涝粮食损失定量估算的方法研究,可为防灾减灾提供科学的气象参考。

(4)加强气候和水文监测预报、兴修水利工程、调整作物种植结构等措施也较为有效。

(5)洪涝灾害过后,要及时做好田间排水工作,视受淹情况采取有效措施进行补救,加强灾后病虫防控。

6.2.3　风雹

风雹灾害是对农业生产影响较大的灾害之一,在农作物生长季节会造成严重危害。它是指冰雹、雷雨大风等强对流性天气造成的灾害。大风能刮倒农作物,而冰雹却是破坏性极强、甚至是毁灭性的灾害。冰雹常伴有大风、暴雨,来得猛烈,局地性强、持续时间较短。冰雹灾害多发生于中部地区。5月雹灾主要毁坏塑料大棚,夏季的雹灾会造成农作物减产或绝产。根据灾情普查数据来看,平均每年有 0.6 万 hm² 的农作物遭受风雹灾害。2008 年 8 月 5 日,北安市、拜泉县、伊春市汤旺河区和乌伊岭区、嘉荫县、抚远县共 20 个乡镇 197 个村屯发生风雹灾害,造成大豆、玉米等农作物出现大面积倒伏,致使 13.89 万人受灾,因灾死亡 1 人,倒塌房屋21 间,损坏房屋 6265 间,农作物受灾面积 8.68 万 hm²,绝收面积 1.03 万 hm²,直接经济损失2.26 亿元,其中农业直接经济损失 2.04 亿元。

气象部门在冰雹防御方面已开展了大量工作,重点在冰雹的监测、预测及消雹等方面,为农业生产防灾减灾提供气象服务。

防御大风要从根本入手,只有改善生态环境,加强农业管理,才能够达到较好的效果。

(1)加强大风的监测预报,提前为农业生产防御风灾提供气象依据。

(2)营造防风林带。在种植设计时,选择抗风树种,不要选择生长迅速而枝叶茂密及一些易受虫害的树种。

(3)设施农业生产应密切关注天气变化,在大风来临之前,认真做好加固大棚棚体、压紧棚膜、保温防冻等防御工作。

(4)改善农田环境,加强田间管理。在农业生产上可选育抗风品种,促进作物根系发达、茎秆粗壮,改善群体结构,合理密植(水稻田则合理插秧,使其通风减少倒伏);科学地间套作,及时铲趟培土,增施磷肥、钾肥,促进作物健壮成熟,秋天熟一片、收一片,减少因风造成磨损而减产。

6.2.4　霜冻

霜冻是指在春、秋两季的温暖时期里,由于冷空气的侵入或辐射冷却,土壤表面、植物体表面及近地面的气温骤降到 0℃ 或以下时,使作物遭受伤害或死亡的现象。当空气中水汽达到饱和时,便在地面或植物体表面上凝华成白色的冰晶,称为白霜;当空气中的水汽含量很少,达不到饱和,地面或植物体表面没有白霜,但地面或植物体表面温度降到 0℃ 以下,仍可使农作物或果树与植物遭受冻害,称为黑霜。

从气象学角度来说,首要是做好霜冻预报工作,提高预报准确率,为防御霜冻提供气象依据,在此基础上采取有效的防御措施,才能达到较好的防御效果。防御霜冻的方法很多,除了提高基本的农业生产技术水平(如培育抗寒品种、加强田间管。培育壮苗、增强抗逆性等)外,主要还有以下三种有效的方法。

(1)灌水法。在霜冻发生的前一天灌水,保温效果较好。原理是:灌水后土壤中的水分含量高,气体少,土壤热容量大,土壤变温幅度减小,发生霜冻后危害减小。据试验,夜间灌水后的作物叶面温度可比不灌水的作物叶面温度高 1~2℃。

(2)熏烟法。应用柴草熏烟防霜冻有悠久的历史,即燃烧柴草等发烟物体,在作物上面形成烟幕,使降温慢,并能增加株间温度。一般熏烟能达到增温 0.5~2℃ 的效果。燃料不足的地区,可以用 CHN 化学发烟剂,该剂是由硝酸铵、渣油和锯末三种原料组成的混合物,此种方法建议在相关政府部门指导下使用。

（3）覆盖法。用草帘、席子、草木灰、尼龙布、作物秸秆、纸张或土覆盖,可使地面热量不易散失。

6.3　黑龙江省农业气象服务

农业气象服务主要分为两个方面:农业气象预报和农业气象情报。下面给出其产品示例。

6.3.1　农业气象预报

6.3.1.1　农用天气预报(图 6-1)

针对农业生产需要编发的天气预报。它从农业生产角度出发,采用天气分析与统计分析等手段,预测未来天气条件对农业生产的影响。

农用天气预报

2017 年第 065 期

黑龙江省生态与农业气象中心　　　　　2017 年 08 月 14 日

西部多阵雨　易引发短时内涝
加强管理　注意防涝

一、前期作物生长状况

当前,我省小麦基本成熟;大部地区玉米、水稻进入乳熟期;大豆普遍结荚。多为一、二类苗,长势良好。各地作物发育进程早晚不一。

二、预报结论及农业生产建议

未来三天,我省西部地区多阵雨天气,降水同时可能局地伴有短时强降水、雷暴大风等强对流天气。未来 24-48 小时,西部地区有阵雨或雷阵雨;未来 72 小时,我省西北部还将出现阵雨或雷阵雨。

根据预测,未来三天我省西部多阵雨天气,局地的短时强降水易引发内涝,建议各地密切关注天气变化,加强田间管理,地势低洼、土壤偏湿的地块在短时强降水过后要及时排出田间积水。各地可根据当地具体情况追施穗粒肥,并注意查田,加强预防病虫害,尤其稻区要注意预防稻瘟病。

制作:姜丽霞　朱海霞　　　　　　　　签发:赵慧颖

图 6-1　农用天气预报示例

6.3.1.2 农业干旱监测预报（图 6-2）

农业干旱监测预报

2017 年 第 23 期

黑龙江省生态与农业气象中心   2017 年 08 月 21 日

黑龙江省 2017 年 8 月 21 日农业干旱监测预报

一、预报结论

  根据土壤旱涝预测模型的预测结果，结合天气预报综合分析，预计至 8 月末我省 0～30 厘米土层墒情总体较好，西部局地土壤略有旱象，两大平原的个别县（市）、黑河和牡丹江的个别县（市）土壤偏湿，其它大部地区土壤墒情正常。

二、主要预报依据

  0～30 厘米土层，齐齐哈尔市、绥棱、哈尔滨市、呼兰、木兰、通河、方正、铁力共 8 个测墒点土壤相对湿度在 51%～70% 之间，处于偏旱状态；三江平原局部县（市）、松嫩平原个别县（市）及孙吴、北安、海林共 14 个测墒点土壤相对湿度在 91% 以上，土壤偏涝；其它农区测墒点的土壤相对湿度在 71%～90% 之间，墒情正常。

  据预测，预计未来几日我省大部分地区多降水天气，降水可补充土壤水分，利于旱象缓解。

三、农业生产建议

  建议各地密切关注天气变化，旱区不能松懈，注意防旱抗旱，而土壤偏涝、低洼地块在雨后要及时采取有效措施排水防涝。

制作：姜丽霞 朱海霞   签发：赵慧颖

图 6-2 农业干旱监测预报示例

6.3.1.3 特色农业气象服务(图 6-3)

特色农业气象服务

2017 第 8 期

黑龙江省生态与农业气象中心   2017 年 09 月 01 日

秋白菜生长前期气象条件分析

我省一般 7 月中旬开始播种秋白菜,今年播种前期全省平均气温偏高,降水空间分布不均,西部地区因降水不足而持续干旱,土壤墒情对秋白菜播种略有不利影响。7 月下旬全省旬平均气温为20.6℃,比历年同期偏低 1.4℃;旬平均降水量为 25.2 毫米,比历年同期偏少 53%,温水条件对出苗有一定不利影响。

8 月是秋白菜小苗生长期。今年此期全省平均气温为 20.4℃,比历年同期偏高 0.1℃;全省月平均降水量为 148.8 毫米,比历年同期偏多 27%;全省日照时数在 107~256 小时,光照够用。8 月气温正常,水分充足,且土壤温度适宜、墒情良好,对秋白菜小苗旺盛生长有利。

9 月份秋白菜逐渐进入莲坐期和结球期,这一时期对水、肥需求量特别大。据预测,今年 9 月全省平均降水量比常年略少,水分条件基本能够满足当前秋白菜对水分的需求。建议在秋白菜生长中适时追肥,以利于叶球快速生长。一旦出现旱情要及时适量浇水以保证秋白菜的正常生长。秋白菜生长中后期易发生虫害,需经常观察,发现虫子,及时喷药灭虫。

制作:吕佳佳 王萍   签发:赵慧颖

图 6-3 特色农业气象服务示例

6.3.1.4　气象服务专报（图 6-4）

黑龙江省秋收气象服务专报

2017 年　第 01 期

黑龙江省生态与农业气象中心　　　　　　2017 年 09 月 12 日

三大作物仍未开始收获　注意加强田间管理　促早熟

一、作物发育进程

当前我省麦区小麦已经收获完毕；大豆处于鼓粒-成熟期；玉米、水稻处于乳熟-成熟期，各作物生育进程略有差异。

二、近期天气实况及影响

本旬全省平均气温为 15.9℃，比历年同期偏低 0.4℃，比去年同期偏低 2.4℃；本旬全省平均降水量为 23 毫米，比历年同期偏多近 1 成，比去年同期偏少近 6 成；本旬我省日照时数全省平均为 79 小时，比历年同期偏多 5 小时，比去年同期偏多 55 小时。总体来看，本旬的降水较大解除或缓解了全省旱情，**虽温度略低，但日照和水分条件充足**，综合气象条件对水稻、玉米籽粒灌浆和大豆鼓粒有利。

三、未来天气及影响分析

预计 9 月 13-17 日，前期除西南地区，其它地区多阵雨天气，各地气温持续较低，对作物灌浆（鼓粒）成熟略有不利影响；后期受暖脊控制，气温回升，有利于作物灌浆（鼓粒）成熟。

四、农业生产建议

建议各地加强田间管理，有降水的县（市）注意雨后适时排涝；稻田注意控制水层，及时晒田；去除田间杂草，增加通风透光，促进作物成熟。

制作：李秀芬　王秋京　　　　　　　　　　　签发：赵慧颖

图 6-4　气象服务专报示例

6.3.1.5　农林病虫害发生发展气象条件预报(图 6-5)

病虫害潜势预报

2017 年　第 7 期

黑龙江省生态与农业气象中心　　　　　　　　2017 年 08 月 16 日

2017 年黑龙江省水稻稻瘟病发生发展气象潜势预报

一、预报结论

　　根据前期气象条件、未来气候趋势预测及作物苗情等综合分析，目前为止，预计 2017 年全省水稻稻瘟病（穗粒瘟）总体发生气象等级程度为轻度。

二、预报依据

　　一般情况下，黑龙江省水稻 7 月末至 8 月上旬抽穗齐穗，今年此期气温正常，降水充沛，光照较好，田间湿度适宜，其中 8 月上旬我省平均气温为 22.4℃，比历年同期偏高 0.7℃；全省大部地区降水量在 50 毫米以上，比历年同期偏多 1 成～1 倍以上；日照时数偏少，为 38 小时，比历年同偏少 35 小时。总体来看，热量够用，降水充足，虽日照偏少，但影响不大，光、温、水条件利于水稻抽穗。

　　预计未来 17-19 日全省大部地区以晴好天气为主；20-22 日全省自西向东有一次中等强度降雨天气过程，此种晴雨相间的天气对水稻穗粒瘟的发生发展为不利形势，且利于水稻籽粒灌浆。

　　综合分析预计 2017 年 8 月全省水稻稻瘟病总体发生气象等级程度为轻度。

三、农业生产建议

　　建议各地密切关注天气变化，及时查田，注意查看水稻穗部状态，做好稻瘟病防御工作。

制作：姜丽霞　朱海霞　　　　　　　　　　　签发：赵慧颖

图 6-5　病虫害潜势预报示例

6.3.2　农业气象情报

6.3.2.1　常规农业气象旬报、月报(图6-6)

农业气象月报

2017年 第8期

黑龙江省生态与农业气象中心　　　　2017年09月01日

黑龙江省2017年8月农业气象月报

8月我省气温正常，降水偏多，西部降水偏多，日照偏少，积温充足。8月上旬全省大部地区出现较好降水过程，满足了作物生长发育的水分需求，大部农区墒情适宜。整体来看，光温水配合较好，气象条件有利于作物的生长发育，作物长势良好。

一、天气气候概况

1.气温

本月我省平均气温为20.4℃，比历年同期偏高0.1℃，比去年同期偏低0.4℃。大兴安岭大部月平均气温为16.2~17.8℃；其它地区平均气温为18.0~22.2℃。与历年同期相比，牡丹江部分县(市)及龙江、兰西、呼兰、鸡东、宝清偏低1℃，其它大部地区持平或偏高1℃(图1)。与去年同期相比，松嫩平原大部、三江平原东南大部、牡丹江大部偏低1~2℃，其它地区持平或偏高1~2℃。

2.降水

本月我省平均降水量为148.8毫米，比历年同期偏多27%，比去年同期偏多84%。绥化南部及肇州、萝北降水量超过250毫米；其它大部地区降水量为51~244毫米(图2)。与历年同期相比，大兴安岭、黑河地区、松嫩平原中西大部、三江平原北部部分县(市)及嘉荫、绥芬河、东宁偏少1成~1倍，其它地区偏少1~5成；与去年同期相比，三江平原大部、伊春中部、牡丹江大部等地偏少1~5成，其它地区偏多1成~1倍以上。

3.日照

本月我省平均日照时数为181小时，比历年同期偏少45小时，比去年同期偏少60小时。全省大部地区日照时数为107~256小时，农区大部比历年同期偏少1~139小时。比去年同期偏少2~137小时。

二、土壤墒情变化分析

由8月份全省各地墒情变化来看，8月上旬全省大部地区出现较好降水过程，使旱区旱情先后得到解除，满足了作物生长发育的水分需求，大部农区土壤墒情适宜，8月3日0~30厘米土层土壤呈干旱状态的测墒点为5个，偏涝测墒点为38个，8月8日0~30厘米土层干旱测墒点仅为2个，偏涝测墒点为47个；8月中旬全省大部地区又转入少雨状态，致使中西部局部地区旱象抬头，8月18日0~30厘米土层干旱测墒点升至8个，偏涝测墒点为14个；8月下旬降水偏少，风力较大，致使旱情略有发展、旱区范围略有扩大，8月28日0~30厘米土层干旱测墒点为16个，偏涝测墒点为12个，但由于前期水分条件较好，整体墒情仍然较好。

三、本月气候对农业生产的影响及建议

8月我省气温正常，降水偏多，西部降水偏多，日照偏少，积温充足。8月上中旬气温偏高，农区热量条件较好，8月下旬气温偏低，28-30日大部农区气温略低，温度条件稍有不足，对作物灌浆略有不利影响，但整体影响不大。8月上旬全省大部地区出现较好降水过程，满足了作物生长发育的水分需求，大部农区墒情适宜。整体来看，本月气象条件有利于作物的生长发育，作物长势良好。

9月我省大田作物处于灌浆成熟期。据预测，9月平均气温略高，降水比常年偏少，初霜冻全省平均接近常年，北部偏早，但大部地区偏晚，整体气象条件对作物正常成熟较为有利。建议各地密切关注天气变化，加强后期田间管理，预防短时强降水带来的局地内涝及大风灾害，晚熟品种可以根据当地的实际情况采取相应的促早熟措施。

图1 2017年8月平均气温距平(℃)

图2 2017年8月降水量(毫米)

制作:吕佳佳 王萍　　　　　　　　　签发:赵慧颖

图6-6　农业气象月报示例

6.3.2.2 土壤水分监测公报（图 6-7）

土壤水分监测公报

2017 年 第 24 期

黑龙江省气象局生态与农业气象中心　　　　2017 年 08 月 30 日

黑龙江省 2017 年 8 月 30 日土壤水分监测公报

一、土壤墒情分析

根据 8 月 28 日全省各地土壤墒情观测结果分析，我省 0～10 厘米土层木兰共 1 个测墒点土壤相对湿度在 50% 以下，处于重旱状态；松嫩平原部分县（市）及铁力、佳木斯市、汤原、桦南、抚远、集贤、饶河、鸡西市、鸡东、虎林、林口共 26 个测墒点土壤相对湿度在 51%～70% 之间，土壤偏旱；呼玛、孙吴、北安、克山、杜尔伯特、嘉荫、萝北、绥滨、双鸭山市、宝清、穆棱、东宁共 12 个测墒点土壤相对湿度在 91% 以上，土壤偏涝；其它农区测墒点的土壤相对湿度在 71%～90% 之间，墒情正常。与 8 月 18 日测墒结果相比较，重旱测墒点增加了 1 个；偏旱的测墒点增加了 3 个；偏涝的测墒点增加了 2 个。

10～20 厘米土层，哈尔滨部分县（市）及齐齐哈尔市、铁力、佳木斯市、汤原、桦南、集贤、抚远、鸡东共 15 个测墒点土壤相对湿度在 51%～70% 之间，土壤偏旱；三江平原个别县（市）及呼玛、孙吴、北安、嘉荫、克山、林甸、杜尔伯特、穆棱、绥芬河共 14 个测墒点土壤相对湿度在 91% 以上，土壤偏涝；其它农区测墒点的土壤相对湿度在 71%～90% 之间，墒情正常。与 8 月 18 日测墒结果相比较，偏旱的测墒点增加了 4 个；偏涝的测墒点减少了 1 个。

20～30 厘米土层，哈尔滨部分县（市）及齐齐哈尔市、克东、肇东、肇源、铁力、集贤、抚远 11 个测墒点土壤相对湿度在 51%～70% 之间，处于偏旱状态；黑河大部、三江平原部分县（市）、松嫩平原局部县（市）及绥芬河共 19 个测墒点土壤相对湿度在 91% 以上，土壤偏涝；其它农区测墒点的土壤相对湿度在 71%～90% 之间，墒情正常。与 8 月 18 日测墒结果相比较，偏旱的测墒点增加了 7 个；偏涝的测墒点减少了 2 个。

0～30 厘米土层，松嫩平原部分县（市）及铁力、汤原、桦南、集贤、抚远共 16 个测墒点土壤相对湿度在 51%～70% 之间，处于偏旱状态；三江平原局部县（市）及呼玛、孙吴、北安、克山、杜尔伯特、林甸、嘉荫、穆棱共 12 个测墒点土壤相对湿度在 91% 以上，土壤偏涝；其它农区测墒点的土壤相对湿度在 71%～90% 之间，墒情正常。与 8 月 18 日测墒结果相比较，偏旱的测墒点增加了 8 个；偏涝的测墒点减少了 2 个。

无测墒站点的 8 月 19～8 月 29 日降水量分析如下：大兴安岭地区（呼玛除外）降水量为 29.5～145.2 毫米；小兴安岭地区降水量为 20.6～30.7 毫米。

二、建议

目前我省松嫩平原部分地区旱象抬头，预计未来几日我省气温回升，土壤偏旱地区要做好抗旱防旱工作；9 月 3-6 日有降水天气，降水可补充土壤水分，缓解旱象。建议各地密切注意天气变化，低洼地块及时开沟排涝散墒，预防局地内涝，降水同时伴随大风，注意预防作物倒伏。

制作:吕佳佳　王萍　　　　　　　　　　　　签发:赵慧颖

图 6-7　土壤水分监测公报示例

6.3.2.3　生态与农业气象信息(图6-8)

生态与农业气象信息

2017年 第024期

黑龙江省生态与农业气象中心　　　　　2017年08月21日

7月以来气象条件对农业的影响

　　7月以来（7月1日-8月20日，下同）我省气温偏高，热量充足，日照正常，降水正常略偏少，期间中西部部分地区土壤出现旱象，对当地作物生长发育存在不利影响，但属局地性而非全省性。总体来看，大部农区光、温、水匹配较好，能够促进作物生长，利于产量形成。

一、气象条件

　　1.气温

　　7月以来我省平均气温为22.9℃，比历年同期偏高1.4℃，比去年同期偏高0.3℃。全省大部农区平均气温在21.8?24.8℃之间，与历年同期相比，偏高1?2℃或持平；与去年同期相比，泰来偏低1℃，其它地区偏高1?2℃或持平。截至8月中旬末我省≥10℃积温为2140℃，比历年同期偏多120℃，比去年同期偏多76℃。全省主要农区≥10℃积温在2049~2460℃（图1），热量条件较好。

　　2.降水

　　全省平均降水量为212.7毫米，比历年同期偏少2%，比去年同期偏多86%。全省各地降水量为106~460毫米（图2），与历年同期相比，松嫩平原部分市（县）、三江平原北部、牡丹江大部及嫩江、孙吴等地偏多1~9成，其它大部地区偏少1~5成。7月1日-8月20日的降水特点表现为少一多一少一多一少的形势，降水主要集中于8月上旬，7月中旬降水也较多，7月上旬、7月下旬、8月中旬降水偏少。

　　3.日照

　　全省平均日照时数为386小时，比历年同期偏多13小时，比去年同期偏少20小时。全省各地日照时数在220~488小时之间，与历年同期相比，中东部大部、大兴安岭部分市（县）及松嫩平原局部偏多1~120小时，其它大部地区偏少1~115小时；与去年同期比较，三江平原大部、伊春大部、黑河北部及漠河、呼玛、绥棱、望奎、肇东、尚志、阿城等地偏多1~121小时，其它大部地区偏少1~131小时。

二、墒情变化

　　7月上旬我省高温少雨，导致部分地区出现旱象，7月中旬中东部地区出现25毫米以上的降水，西部旱区降水少，不足以解除旱情，部分市（县）处于偏旱状态，7月下旬西部部分地区仍有旱象，8月上旬全省大部地区出现较好降水过程，使旱区旱情先后得到解除。8月中旬，全省大部地区又转入少雨状态，致使中部局部地区旱象抬头（表1）。从表1可以看出，耕层（0~10厘米）土壤7月8日偏旱的测墒点个数最多，7月23日次多，8月8日最少，表层（0~30厘米）土壤7月23日偏旱的测墒点个数最多，7月18日次多，8月8日最少。

表1　7月3日以来各土层干旱与偏涝的测墒点个数(个)

时间	干旱等级	0~10厘米	10~20厘米	20~30厘米	0~30厘米
7月3日		1	1	--	--
7月8日	重旱	4	1	--	--
7月18日		4	2	2	2
7月23日		10	4	1	3
7月28日		7	4	4	4
8月3日		--	--	2	--
8月8日		--	1	1	--
8月18日		--	--	3	--
7月3日		20	7	3	8
7月8日		37	25	19	25
7月18日		29	24	18	26
7月23日	偏旱	31	32	24	31
7月28日		23	20	19	20
8月3日		4	6	5	5
8月8日		1	1	2	1
8月18日		23	11	4	8
7月3日		1	4	10	5
7月8日		6	9	16	7
7月18日		5	8	16	9
7月23日	偏涝	13	13	16	14
7月28日		15	14	17	15
8月3日		45	37	31	38
8月8日		52	47	43	47
8月18日		10	15	21	14

三、农业生产的影响及建议

　　进入7月，我省农作物即进入生长关键期，今年7月1日-8月20日，我省气温偏高，热量充足，降水正常，日照正常，期间部分地区土壤出现旱象，虽对当地作物生长发育有一定不利影响，但属局地性而非全省性。因此总体来看，大部农区光、温、水匹配较好，能够促进作物生长，利于产量形成。

　　预计未来10天我省降水天气过程较多，降水地区易出现短时强降水、雷暴大风、冰雹等强对流天气。冰雹、大风等易对作物造成损害，并易引起倒伏。建议各地密切关注天气变化，旱区不能放松警惕，仍要加强防旱抗旱工作。各地要加强巡田，积极采取措施防御作物倒伏。低洼、偏湿地块要在雨后及时排水防涝，稻区要加强水层管理，随时查田，注意预防稻瘟病。

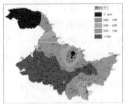

图1　截至2017年8月中旬末≥10℃积温（℃）

图2　2017年7月1日-8月20日降水量（毫米）

报送：省政府、省政府办公厅五处、省财政厅农财处、省政府应急办、省农垦总局农业处、省农委、省农委种植业管理处、省发展和改革委员会农村经济处、省水利厅抗旱办、省民政厅救灾处、省统计局农村处、省森工总局、国家统计局黑龙江调查队农业调查处、省环境保护厅办公室、中国气象局科技与气候变化司科研院所处、中国气象局公共气象服务中心业务处、中国气象局应急减灾与公共服务司农业气象处、国家气象中心农业气象中心、中国气象局综合观测司卫星处、国家卫星气象中心业务处、省气象局

抄送：各有关单位

制作：姜丽霞 朱海霞　　　　　　　　签发：赵慧颖

图6-8　生态与农业气象信息示例

6.3.2.4　生态气象监测评估(图 6-9)

生态气象监测评估

2017 年第 35 期

黑龙江省气象科学研究所主办　　　　　　　　2017 年 07 月 10 日

黑龙江省 7 月 10 日植被长势监测

利用 2017 年 7 月 4 日和 6 日的 TERRA/MODIS　1000m 分辨率的遥感资料，制作全省植被指数遥感监测图，分析可见，我省植被指数较上周普遍增加，大部分林地植被指数在 0.64~0.84 之间，大部分耕地植被指数在 0.50~0.79 之间。

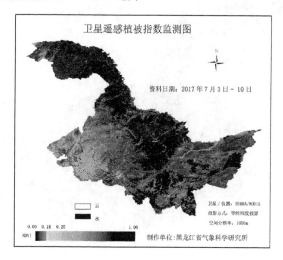

制作:郭立峰　殷世平　　　　　　　　　　　　签发:赵慧颖

图 6-9　生态气象监测评估示例

6.4　二十四节气对农业生产的影响

6.4.1　立春

公历 2 月 3 日、4 日或 5 日，视太阳运行到黄经 315°时为"立春"节气。一年之季始于春，"立春"是二十四节气之首。这里的"立"是开始之意，此节气表示春天的开始。"律回岁晚冰霜少，春到人间草木知"的诗句形象地反映出这个时节的自然特色。不过，这只是二十四节气的"老家"——黄河流域一带的真实写照。由于黑龙江省地处北疆，立春节气还远远不是春天的开始，而正处于冬末时节，但随着太阳直射点的缓慢北移和太阳照射时间的增加，自然界阳气初发，"立春阳气转"说的正是这个意思。

6.4.1.1　气温

近 40 a 立春节气内，黑龙江省平均气温为−15.9℃（图 6-10）。温度变化分布呈东南高西北低的态势，其中漠河为全省最低，平均气温−25.4℃，东宁为全省最高，平均气温−10.3℃，南北气温相差 15℃之多。

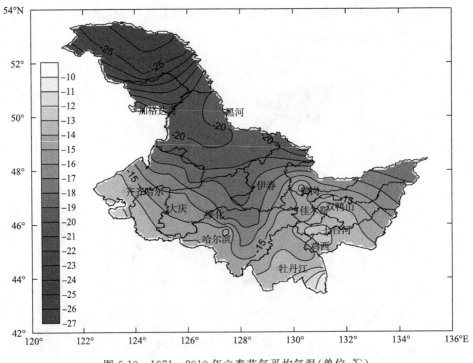

图 6-10　1971—2010 年立春节气平均气温（单位：℃）

节气内的极端最低气温北部地区常在−(30～35)℃，南部地区也可以达到−(25～30)℃；尽管如此，本节气的各种温度均比上一节气回升了 3～4℃。不过，以上是历年的平均状况，每年的实际温度差异也很大（图 6-11），例如，在 21 世纪之初的 2001 年，那年冬天最冷的一天刚好出现在"立春"的 2 月 4 日，哈尔滨的最低气温达−37.3℃，创历史同期最低纪录。就全省平均而言，立春节气平均气温最高的 3 个年份分别为 2007 年、1989 年、1995 年，最低的 3 个年份分别为 1977 年、2001 年和 1978 年。

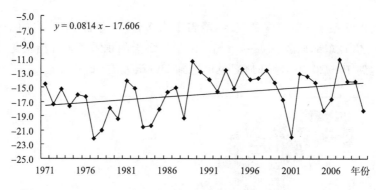

图 6-11　1971—2010 年立春节气全省平均气温时间序列(单位:℃)

立春节气平均气温存在明显的年代际变化特征(表 6-1),平均气温随年代延续的变化趋势是准增温,在 20 世纪 70、80、90 年代为连续增温,在 21 世纪的第一个 10 a 气温略有下降。其中 20 世纪 90 年代,节气的平均气温多数在平均值以上,而 70 年代则正好相反。

表 6-1　立春节气平均气温年代际变化(单位:℃)

年代	1971—1980	1981—1990	1991—2000	2001—2010	1971—2000	1981—2010	1971—2010
平均气温	−17.8	−16.3	−14.1	−15.6	−16.1	−15.3	−15.9

近 40 a(1971—2010 年),立春节气平均气温全省各地均呈上升趋势(图 6-12),增温明显的区域在黑河南部、伊春北部,增温速率为 0.12~0.14℃/10 a,40 a 上升了 0.5℃左右。

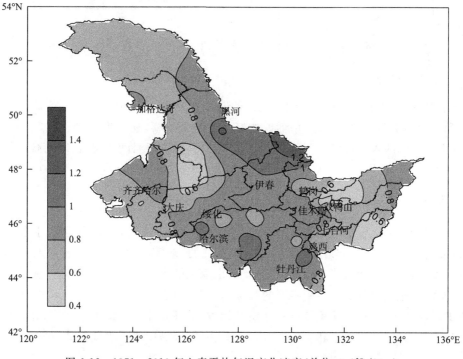

图 6-12　1971—2010 年立春平均气温变化速率(单位:0.1℃/10 a)

6.4.1.2　降水

　　立春节气仍延续冬天比较干燥的气息,降雪不太多,平常年份,节气内的平均降水量西南部地区在 1 mm 之内,东部地区在 3～4 mm。由于一冬天的积雪尚未开始融化,最大积雪深度北部地区常可达到 15～20 cm,南部地区也可达到 10 cm 左右(图 6-13)。

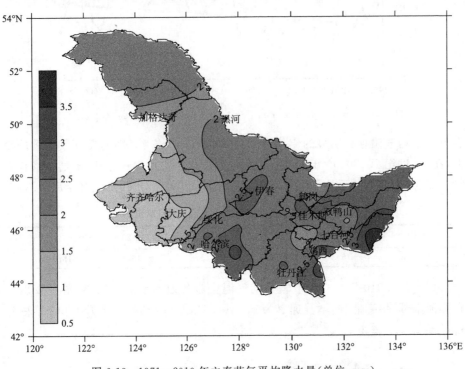

图 6-13　1971—2010 年立春节气平均降水量(单位:mm)

6.4.1.3　服务重点

　　立春节气一到,表明春天的脚步更近了,此时阳气逐渐上升,阴气下降,正是人们增强体魄、锻炼和养生的重要时期。不过,俗话说的好,"立春莫欢喜,还有四十冷天气",这个时节还有不可忽视冷空气的入侵,冷暖变化无常,温度急升骤降,注意温度变化,适时增减衣物仍是明智之举。

6.4.2　雨水

　　雨水是二十四节气中的第二个节气。公历 2 月 18 日或 19 日,视太阳运行到黄经 330°时,是二十四节气的雨水。这一节气表示在二十四节气的"老家"黄河流域一带雨水开始慢慢增多,在黄河以南,本节气后迎着春雨,草木开始抽出绿色的嫩芽,大地渐渐呈现一派欣欣向荣的景象。黑龙江省这个时节还看不到春天的踪迹,真正的雨水也远不会降临。不过,由于天气渐暖,冰雪出现融化的迹象,小河里厚厚的冰层开始解冻,正所谓"雨水沿河边"。雨水节气一般到 3 月 4 日或 5 日结束。雨水和谷雨、小雪、大雪一样,都是反映降水现象的节气。

6.4.2.1　气温

这时的北半球,日照时数和太阳辐射强度都在增加,气温回升较快,来自海洋的暖湿空气开始活跃,并渐渐向北挺进。与此同时,冷空气在减弱的趋势中并不甘示弱,与暖空气频繁地进行着较量,既不甘退出主导的地位,也不肯收去余寒。这时的大气环流已处于调整阶段,但本省还没有摆脱冬季的寒冷,天气仍以寒冷为主,但总的趋势是由冬末的寒冷向初春的温暖过渡。

近 40 a 雨水节气内,全省平均气温为−11.6℃,其中北部地区仍低于−20℃,而南部地区已高于−10℃,东宁的平均气温最高,为−6.9℃(图 6-14)。

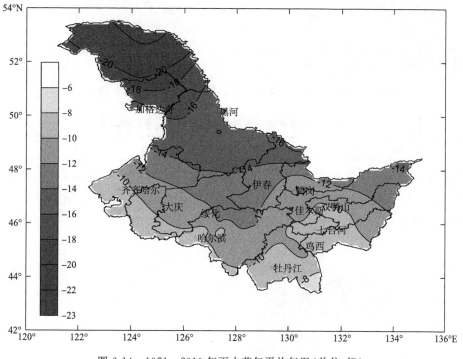

图 6-14　1971—2010 年雨水节气平均气温(单位:℃)

节气内的最高气温北部地区在−(5～8)℃,南部地区−(2～6)℃;节气内的极端最低气温北部地区还在−(25～30)℃之间,南部地区有时也可达−20℃;不过与上一节气相比,各地温度回升的幅度仍在 4℃左右。以上是历年的平均状况,每年的实际温度差异也很大。就全省平均而言,雨水节气平均气温最高的 3 个年份分别为 1998 年、2002 年、2007 年,最低的 3 个年份分别为 1971 年、1973 年、1981 年。

从年代际变化情况来看(表 6-2),平均气温随年代延续的变化趋势是准增温,在 20 世纪 70、80、90 年代为连续增温,在 21 世纪的第一个 10 a 略有降温。其中 20 世纪 90 年代,节气的平均气温多数在平均值以上,而 70 年代则正好相反,进入 21 世纪,气温偏低的年份又多起来(图 6-15)。

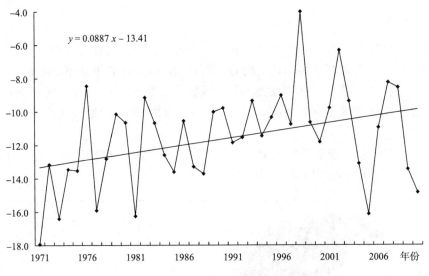

图 6-15　1971—2010 年雨水节气全省平均气温时间序列(单位:℃)

表 6-2　雨水节气平均气温年代际变化(单位:℃)

年代	1971—1980	1981—1990	1991—2000	2001—2010	1971—2000	1981—2010	1971—2010
平均气温	−13.2	−12.0	−10.1	−11.1	−11.8	−11.0	−11.6

近 40 a(1971—2010 年),雨水节气平均气温全省各地均呈上升趋势(图 6-16),增温明显的区域在黑河东南部、伊春北部以及哈尔滨地区,增温速率为 0.12～0.15℃/10 a,40 a 上升了 0.5℃左右。

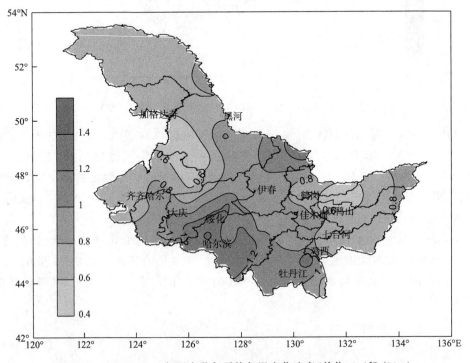

图 6-16　1971—2010 年雨水节气平均气温变化速率(单位:0.1℃/10 a)

6.4.2.2　降水

雨水节气黑龙江省虽然不会有真正的降雨出现,但与节气名称比较吻合的是,降水量也有所增加,本节气的降水总量北部、西部地区在 1~3 mm,东部地区可达 6~8 mm,随着温度回升,积雪深度比上一节气明显减小,北部地区最大积雪深度一般都在 20 cm 以下,南部地区在 10 cm 以下(图 6-17)。

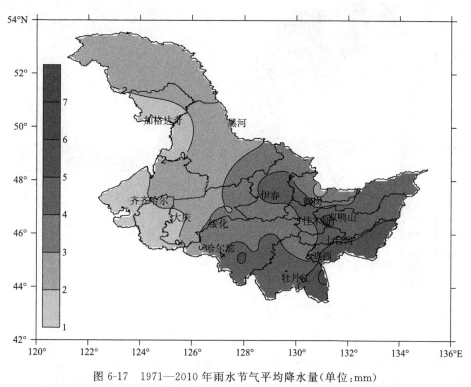

图 6-17　1971—2010 年雨水节气平均降水量(单位:mm)

6.4.2.3　服务重点

到了雨水节气,各地温度回升,寒冷的冬天变得日益温和,加上春节已过,农民朋友的农闲时光也即将过去,勤劳的人们已经开始收拾农具,做备耕生产的前期准备工作了。此时的降雪、降温对设施农业和棚养牲畜的影响比较大,重点要做好降雪和温度变化的预报。

6.4.3　惊蛰

惊蛰,是 24 节气中的第三个节气。公历 3 月 5 日或 6 日,视太阳运行到黄经 345°时为"惊蛰"节气。惊蛰的意思是天气回暖,春雷始鸣,惊醒蛰伏于地下冬眠的昆虫。不过,只有黄河流域以南这个时节才开始闻雷,黑龙江省这时还不可能听到春雷声,但随着气温回升,出来活动的鸟虫也开始增多,而且各种动物的活力也逐渐显现。因此黑龙江省有"惊蛰乌鸦叫"的说法。

6.4.3.1　气温

平常年份,惊蛰节气内,全省平均气温为−6.0℃,其中北部地区在−(8~12)℃,大兴安岭北部甚至低于-15℃,南部地区为-(3~7)℃;最高气温北部地区在-(1~5)℃,南部地区已有些地方突破零度,大部分地方在+2℃到-2℃之间徘徊;最低气温全省平均-12.6℃,其中北部地区在-(16~20)℃,南部地区已上升到-10℃左右;本节气各地气温回升幅度比前两个节气更大(图6-18)。

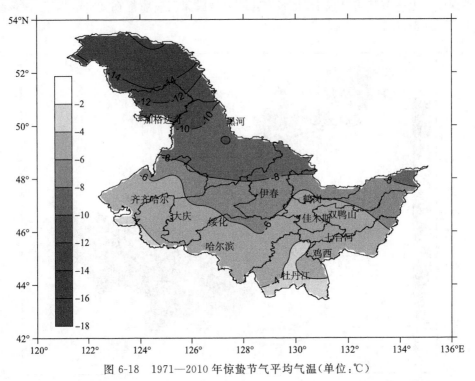

图6-18 1971—2010年惊蛰节气平均气温(单位:℃)

以上是历年的平均状况,每年的实际温度差异也很大。就全省平均而言,惊蛰节气平均气温最高的3个年份分别为2008年、2002年、1990年,最低的3个年份分别为1999年、2010年、1973年(图6-19)。

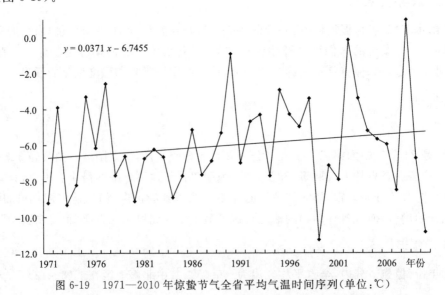

$y = 0.0371x - 6.7455$

图6-19 1971—2010年惊蛰节气全省平均气温时间序列(单位:℃)

从年代际变化情况来看(表 6-3),平均气温随年代延续的变化趋势是稳步增温,在 21 世纪的第一个 10 a 比 20 世纪 70 年代上升了 1.3℃。但进入 21 世纪以后,平均气温的年际变化比较剧烈,近 40 a 里,平均气温最高和最低的年份都出现在 21 世纪的头 10 a 里。

表 6-3　惊蛰节气平均气温年代际变化(单位:℃)

年代	1971—1980	1981—1990	1991—2000	2001—2010	1971—2000	1981—2010	1971—2010
平均气温	−6.6	−6.2	−5.8	−5.3	−6.2	−5.8	−6.0

近 40 a(1971—2010 年),惊蛰节气平均气温全省各地均呈上升趋势,增温明显的区域在黑河东南部、伊春北部,增温速率为 0.07～0.1℃/10 a,总体升温幅度没有上一个节气(雨水)明显(图 6-20)。

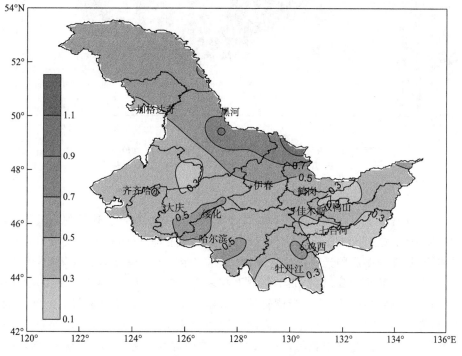

图 6-20　1971—2010 年惊蛰节气平均气温变化速率(单位:0.1℃/10 a)

6.4.3.2　降水

黑龙江省很多年份惊蛰节气都会出现"春风乍起"的天气,由于气温升高,土壤蒸发速度加快,南部积雪逐渐化尽,北部地区的积雪也在 10 cm 以下,积雪消融,使人们感到春天轻盈的脚步声真的很近了。本节气的降水量继续呈上升趋势,其中北部和西部地区常年降水 2～4 mm;其他大部分地区在 4～7 mm(图 6-21)。本节气内北部地区仍为降雪,南部地区虽然也以降雪为主,但有些年份在节气末附近可出现雨夹雪天气。

6.4.3.3　服务重点

惊蛰过后,不仅小动物的活力开始显现,随着天气转暖,农民朋友们在这一节气开始已经正式着手进行备耕生产了。防御降雪降温对畜牧业和设施农业的影响是此时气象服务的重点。

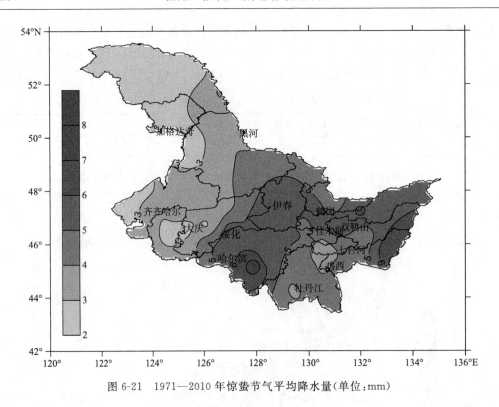

图 6-21　1971—2010 年惊蛰节气平均降水量(单位:mm)

6.4.4　春分

公历 3 月 20 日或 21 日,视太阳运行到黄经 0°时为"春分"节气。这里的"分"是半的意思,从天文学角度来说,这一天为春季的中分点,是春季的一半,所以叫春分。此时阳光直射赤道,昼夜几乎相等,从春分以后阳光直射位置逐渐北移,北半球开始逐渐昼长夜短。"吃了春分饭,一天长一线"表达的就是春分以后,北半球白天越来越长的含意。从天气系统的活动来看,春分节气后,东亚大槽明显减弱,西风带槽脊活动明显增多,蒙古到我国东北地区常有低压活动和气旋发展,低压移动引导冷空气南下,因此,我们北方地区大风天气开始多起来。不过,肆虐的春风虽然不受欢迎,因为它很容易使尚未下种的农田底墒变差,但对道路来说,却也有其有利的一面,天气转暖后,冬天的积雪逐步消融,冻融循环期路况很差,春风一吹,路面才容易干爽起来,黑龙江省历来就有"春分地皮干"的说法,意思是春分节气过后,积雪消融后泥泞的路面逐渐干爽了。

6.4.4.1　气温

平常年份,春分节气内,全省平均气温已上升到−0.5℃(图 6-22)。但南北气温差异较大,此节气大兴安岭地区平均气温在−(8~9)℃,黑河、伊春北部平均气温在−(2~4)℃,齐齐哈尔北部、绥化北部、哈尔滨北部、伊春南部、鹤岗、佳木斯东部、双鸭山东部、鸡西东部−(0~2)℃,而南部地区已上升到 0℃左右;此节气最高气温全省已普遍突破 0℃,其中北部地区在1~5℃,南部地区的平均状况已达到 4~8℃;最低气温各地还都在零下,其中北部地区在−(9~13)℃,南部地区−(4~8)℃。

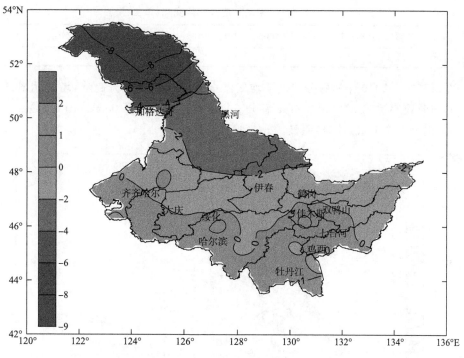

图 6-22　1971—2010 年春分节气平均气温(单位:℃)

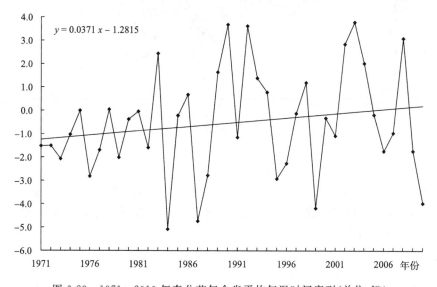

图 6-23　1971—2010 年春分节气全省平均气温时间序列(单位:℃)

从年代际变化情况来看(表 6-4),平均气温随年代延续的变化趋势是稳步增温,在 21 世纪的第一个 10 a 比 20 世纪 70 年代上升了 1.1℃。其中 20 世纪 70 年代,节气的平均气温多数在平均值以下,之后年际变化剧烈(图 6-23)。

就全省平均而言,春分节气平均气温最高的 3 个年份分别为 2003 年、1990 年、1992 年,最低的 3 个年份分别为 1984 年、1987 年、1999 年。

表 6-4　春分节气平均气温年代际变化(单位:℃)

年代	1971—1980	1981—1990	1991—2000	2001—2010	1971—2000	1981—2010	1971—2010
平均气温	-1.3	-0.6	-0.4	-0.2	-0.8	-0.3	-0.5

近 40 a(1971—2010 年),春分节气平均气温全省各地均呈上升趋势,增温明显的区域在黑河西部,增温速率达 0.2℃/10 a,40 a 春分节气平均气温升高了 0.8℃(图 6-24)。此节气总体升温幅度比上一个节气(惊蛰)明显。

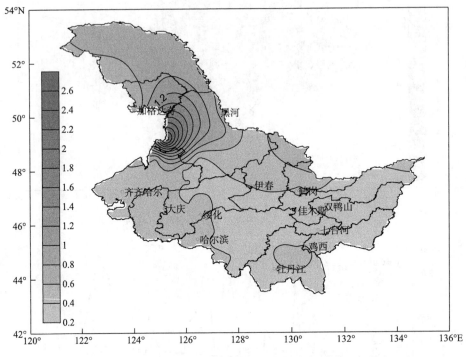

图 6-24　1971—2010 年春分节气平均气温变化速率(单位:0.1℃/10 a)

6.4.4.2　降水

本节气黑龙江省南部地区表层解冻风干,但降水量仍比前一节气增多,其中北部和西部地区在 2～6 mm,南部和东部地区在 6～10 mm,降水性质北部地区还是以雪为主,南部地区出现雨夹雪的概率增大(图 6-25)。

6.4.4.3　大风

春分时节,黑龙江省还处在冬去春来的过渡阶段,冷暖空气交换剧烈,导致此节气全省各地平均风速增大,大风频繁出现,其中松嫩平原和三江平原平均风速为 4 m/s 左右(图 6-26)。松嫩平原,由于东北—西南走向的大兴安岭山脉和西北—东南向的小兴安岭山脉,将黑龙江省西南部围成"喇叭口"状地形,狭管效应使此处成为大风高发区。三江平原,由于气旋活动增多,冷空气不断补充南下,使得这里经常出现偏南或偏西大风。

春分 15 d,正处在 3 月底到 4 月初,此时积雪融化,地面植被覆盖率低,土壤墒情差,大风频发,因此,易产生沙尘天气,严重影响空气质量。

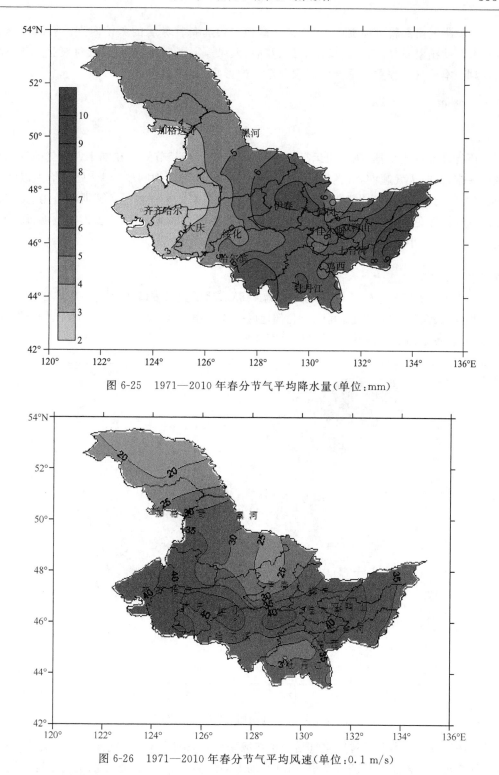

图 6-25　1971—2010 年春分节气平均降水量(单位:mm)

图 6-26　1971—2010 年春分节气平均风速(单位:0.1 m/s)

6.4.4.4　服务重点

　　春分以后,地温逐渐上升,黑龙江省很快就要进入麦播期,在气温偏高的年份,本节气后半段即 3 月底附近南部就可播麦,大田也进入翻地、整地,备籽务肥的繁忙时期。但由于本节气冷暖空气活动频繁,较大降雪以及雨夹雪、寒潮、大风等灾害多发,灾害天气对农业生产的影响较大,因此,本节气服务重点是天气对农业生产的影响及建议。

6.4.5 清明

公历 4 月 4 日或 5 日,视太阳运行到黄经 15°时为"清明"节气。在二十四节气的发源地黄河流域一带,此时天气晴朗,气温转暖,草木开始萌芽现青,万物欣欣向荣,处处给人以清新明朗的感觉,因此该节气谓为"清明"。清明时节我国大江南北天气各异,"清明时节雨纷纷"说的是江南的气候特色;"清明时节,麦长三节"——在我国黄淮以南地区,小麦即将孕穗;而此时的黑龙江省,正处于小麦播种的盛期,因此有"清明忙种麦"的说法。

6.4.5.1 气温

平常年份,清明节气内,全省平均气温为 4.8℃,除了大兴安岭地区还在冰点以下外,其他各地平均气温都已达 0℃以上,其中中北部地区平均气温在 1~4℃,南部地区为 4~7℃;与上一节气相比,各地温度又回升了 5℃以上(图 6-27)。

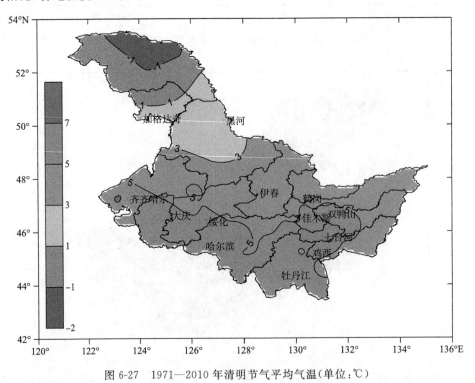

图 6-27　1971—2010 年清明节气平均气温(单位:℃)

清明节气期间,黑龙江省冷空气活动虽然频繁出现,但阻挡不了气温回升的大趋势(图 6-28)。虽说此时全省还没有进入春季,但从平均最高气温来看,北部地区的平均状况已达 10℃左右,南部地区多在 10~14℃;最低气温北部地区仍未突破 0℃,平均温度为-(2~5)℃,南部地区平均状况已接近 0℃;可见气温明显攀升不足为奇,冷空气还在负隅顽抗,气温大起大落也就十分正常。

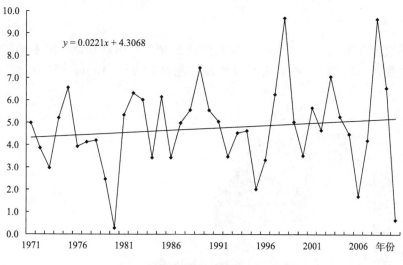

图 6-28　1971—2010 年清明节气黑龙江省平均气温时间序列(单位:℃)

从年代际变化来看(表 6-5),20 世纪 80 年代是最暖的 10 a,而 90 年代没有延续 80 年代升温的趋势,有 6 a 气温在平均值以下,进入 21 世纪清明节气温度又有所升高。就全省平均而言,清明节气平均气温最高的 3 个年份分别为 1998 年、2008 年、1989 年,最低的 3 个年份分别为 1980 年、2010 年、2006 年。

表 6-5　清明节气平均气温年代际变化(单位:℃)

年代	1971—1980	1981—1990	1991—2000	2001—2010	1971—2000	1981—2010	1971—2010
平均气温	3.9	5.4	4.8	5.0	4.7	5.1	4.8

近 40 a(1971—2010 年),清明节气平均气温全省各地均呈上升趋势,增温明显的区域在西南部地区,增温速率为 0.1℃/10 a,总体升温幅度没有上一个节气(春分)明显(图 6-29)。

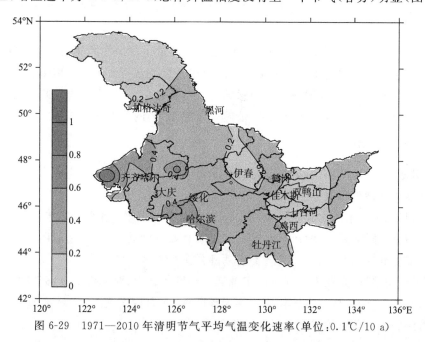

图 6-29　1971—2010 年清明节气平均气温变化速率(单位:0.1℃/10 a)

6.4.5.2　降水

黑龙江省在清明节气不易出现江南常见的"纷纷细雨",但南部地区降水性质已转为以雨为主了,降水量也继续增长,其中北部和西南部地区在 8～10 mm,而东部地区可达 14～18 mm(图 6-30)。

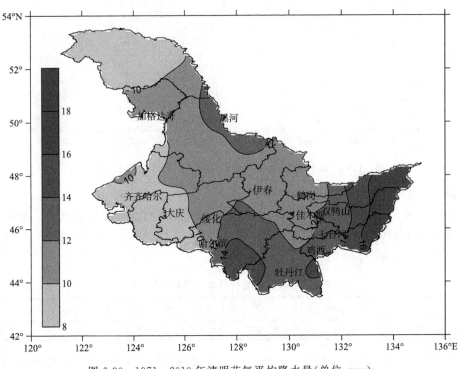

图 6-30　1971—2010 年清明节气平均降水量(单位:mm)

6.4.5.3　风

随着大气环流形势的调整,黑龙江省春风加大,松嫩平原平均风速达 5 m/s(图 6-31),大风日数在这一时节增加,"大风起兮云飞扬",此时也是黑龙江省沙尘天气偏多的时段。在春风容易"癫狂"的时节,黑龙江省清新明朗的感觉要大打折扣。不过,在一早一晚风力不是很大的时候,为放风筝提供了条件,户外出现了"忙趁东风放纸鸢"的大人和小孩。

6.4.5.4　服务重点

(1)清明是一个极重要的农事季节,黑龙江省正处于小麦播种的盛期和水稻扣棚、育苗期,此时要做好春耕春播气象服务。

(2)清明是二十四节气中唯一演变成法定节日的节气,称作"清明节""寒食节"等。大江南北自古有着扫墓、插柳、踏青、放风筝等丰富的纪念和娱乐活动,这些都使清明充满了更加诱人的色彩。提前做好清明节日预报,为各类活动提供出行参考。

(3)到了清明节气,东亚大气环流已实现从冬到春的转变,西风带槽脊移动频繁,低层高低气压交替出现,随之天气变化也比较快,"春天孩儿面,一日变三变"的说法有时可从实际多变的天气中得到验证。此时的温度预报显得格外重要。

(4)清明时节,是黑龙江省大风天气偏多的时段,森林火险气象等级较高,是森林火灾重点防护时期。

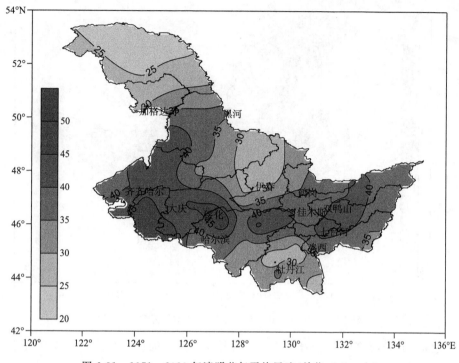

图 6-31　1971—2010 年清明节气平均风速(单位:0.1 m/s)

6.4.6　谷雨

公历 4 月 20 日或 21 日,视太阳运行到黄经 30°时为谷雨节气。它是反映降水的节气,也是春季最后一个节气。在我国黄河流域一带,这一时期气温回升很快,雨水增多,对谷子、水稻、小麦、玉米、高粱等农作物的播种和生长极为有利,古人说"雨生百谷",就是对谷雨的注解。从谷雨节气开始农事忙碌起来。在我国的种棉区,棉农把谷雨节作为棉花播种指标,编成谚语,世代相传。有"谷雨前,好种棉"以及"谷雨不种花,心头像蟹爬"说法。在黑龙江省,气温条件已达到大田播种的指标,因此这个时节大田作物开始下种,有"谷雨种大田"之说。

6.4.6.1　气温

近 40 a,谷雨节气内,全省平均气温为 9.0℃,其中北部地区在 4~8℃,南部地区已升至 7~12℃;最高气温北部地区已多在 10℃以上,基本在 11~15℃变动,南部地区则上升到 14~18℃;最低气温北部地区到节气末也可突破冰点,南部地区已普遍在零上,大致在 1~5℃;与上一节气相比,各地温度回升的幅度在 4℃左右(图 6-32)。

处在暮春时节的谷雨,意味着春将尽,夏将至。但从气象学的角度看,个别年份黑龙江省南部地区才刚刚进入气象意义上的春天,而北部地区还没有踏进气象意义上"春"的门槛,此时冷空气大举南侵的情况比较少了,但影响黑龙江省的冷空气活动并不消停。气温的日变化仍比较大。

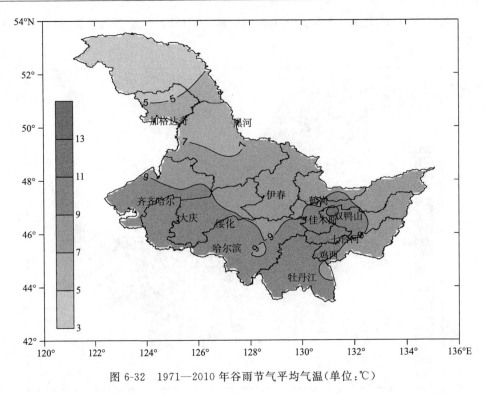

图 6-32　1971—2010 年谷雨节气平均气温(单位:℃)

从年代际变化情况来看(表 6-6),平均气温随年代延续的变化趋势是稳步升温,近 40 a 全省平均气温升高了 2℃左右。就全省平均而言,谷雨节气平均气温最高的 3 个年份分别为 2007 年、1998 年、1996 年,最低的 3 个年份分别为 1987 年、1980 年、1973 年。20 世纪 90 年代后期到 21 世纪初期是近 40 a 最温暖的时段(图 6-33)。

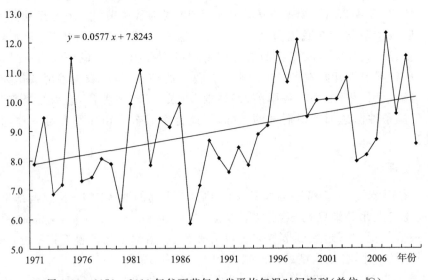

图 6-33　1971—2010 年谷雨节气全省平均气温时间序列(单位:℃)

表 6-6　谷雨节气平均气温年代际变化(单位:℃)

年代	1971—1980	1981—1990	1991—2000	2001—2010	1971—2000	1981—2010	1971—2010
平均气温	8.0	8.7	9.6	9.8	8.8	9.3	9.0

近 40 a(1971—2010 年),谷雨节气平均气温全省各地均呈上升趋势(图 6-34),但各地增温均不明显,只有集贤升温显著。

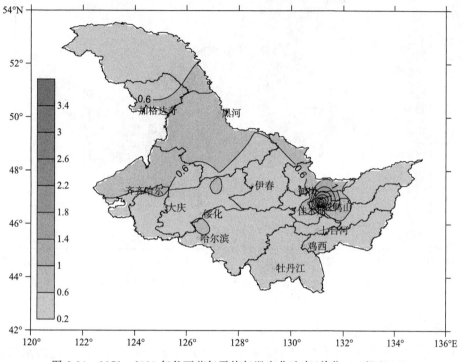

图 6-34　1971—2010 年谷雨节气平均气温变化速率(单位:0.1℃/10 a)

6.4.6.2　降水

"谷雨"以后黑龙江省的降雨量进一步增多,其中北部和西部地区在 10~20 mm,而东部地区可达 30 mm 以上。一般年份"谷雨"以后都能有一场小到中雨,即 10 mm 左右的降水量(图 6-35)。同时在这个节气里风速加大,大风日数仍比较多。

总之,这个节气的突出特点是温度回升快,风大使土壤跑墒严重,降雨的增多抵不上蒸发的加大,因此旱象发展较快,尤其是全省西南部地区。

6.4.6.3　服务重点

(1)"谷雨"过后,黑龙江省小麦陆续出苗,水稻播种趋于结束,农事活动开始进行大田播种和蔬菜、烤烟的定植,以及玉米、甜菜等育苗移栽田间作业。如果冬季降雪少,容易出现旱象。尤其黑龙江省西南部地区,俗有"十年九春旱"的说法,对于干旱地区,采取节水灌溉、天气预报指导实施人工增雨等措施就显得十分重要了。

(2)春旱也是林草火灾的帮凶,林区加强林火监测,防火宣传,可以说是到了紧要的阶段。

(3)做好第一场透雨预报。

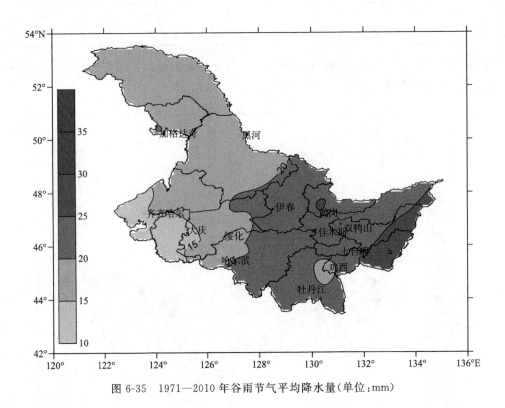

图 6-35　1971—2010 年谷雨节气平均降水量(单位:mm)

6.4.7　立夏

公历 5 月 5 日或 6 日,视太阳运行到黄经 45°时为立夏节气。"立夏"是夏季的开始,但这是从天文学的角度划分的,从气候学的角度看,"立夏"作为夏季的开始与二十四节气的发源地黄河流域一带比较贴近,对于地处北疆的黑龙江省来说,这个时节还是春季的温度。不过,到了立夏节气,大风日数逐渐减少,狂风肆虐的日子明显少于上一节气,有时还会出现很平和的无风日,因此,黑龙江省历来有"立夏鹅毛住"之说。

6.4.7.1　气温

虽然黑龙江省真正的夏季尚未来临,但该节气平均气温比上个节气普遍升高 4℃左右,平常年份,立夏节气内,全省平均气温为 13.1℃,其中北部地区在 10℃左右,南部地区平均在 12~15℃;最高气温北部地区已升到 16~20℃,南部地区平均最高气温已达 20.1℃,大部分市县都在 18~22℃;最低气温南部地区也可达 5~9℃(图 6-36)。

从年代际变化情况来看(表 6-7),平均气温随年代延续的变化趋势是稳步升温(图 6-37),近 40 a 全省平均气温升高了 0.8℃左右,没有上一个节气(谷雨)升的明显。其中 20 世纪 90 年代,节气的平均气温多数在平均值以上,而 70 年代则正好相反。就全省平均而言,立夏节气平均气温最高的 3 个年份分别为 2002 年、1998 年、1985 年,最低的 3 个年份分别为 1986 年、2005 年、1972 年。

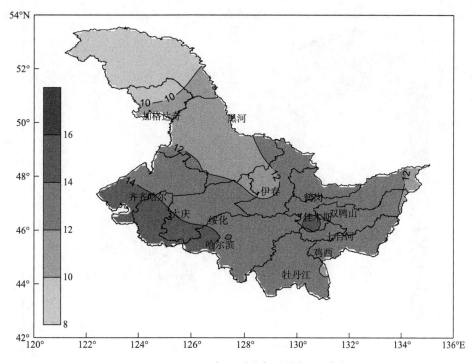

图 6-36 1971—2010 年立夏节气平均气温(单位:℃)

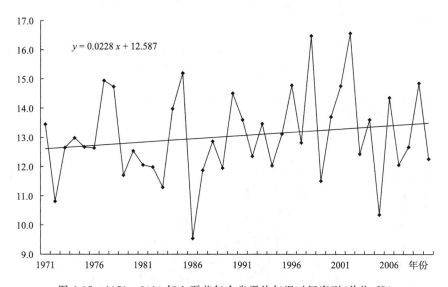

图 6-37 1971—2010 年立夏节气全省平均气温时间序列(单位:℃)

表 6-7 立夏节气平均气温年代际变化(单位:℃)

年代	1971—1980	1981—1990	1991—2000	2001—2010	1971—2000	1981—2010	1971—2010
平均气温	12.9	12.5	13.4	13.4	12.9	13.1	13.1

近 40 a(1971—2010 年),立夏节气平均气温全省各地有升有降(图 6-38),其中升温区域上升趋势不显著,降温区域主要在牡丹江、伊春北部、齐齐哈尔西南部。

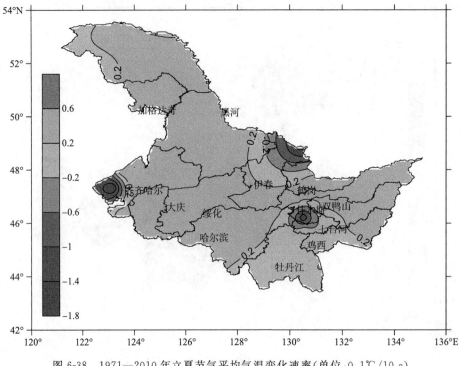

图 6-38 1971—2010 年立夏节气平均气温变化速率(单位:0.1℃/10 a)

6.4.7.2 降水

这个节气的降雨量又有所增加,平常年份,节气内的总雨量全省平均可达 20 mm,其中北部、西部地区在 15~20 mm,东部地区可达 30 mm 左右(图 6-39)。

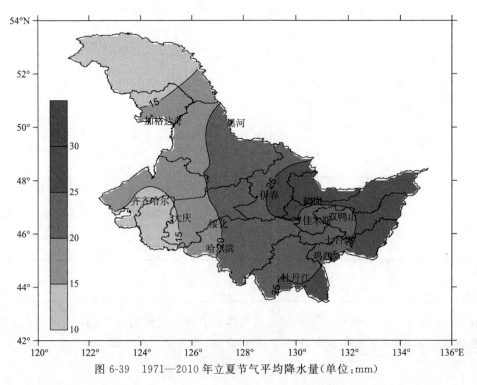

图 6-39 1971—2010 年立夏节气平均降水量(单位:mm)

尽管总雨量有所增加,但由于本节气升温快,晴天多,降水还是相对较少,大部分时间湿度不大,容易形成干旱,特别是黑龙江省西南部地区,更是十年九春旱。

6.4.7.3 服务重点

因为农业生产和气候情况具有很大的地域性,所以"立夏"节气在全省各地的农事活动也不尽一致,正常年份,黑龙江省此期是小麦出苗期和大田播种盛期,也是水稻秧苗管理的关键期,黑龙江省南部的大庆、哈尔滨、牡丹江一带此时是大田播种的末期,可以进行水稻插秧、烟苗移栽、蔬菜定植等农事活动;中部的齐齐哈尔、绥化等地是大田播种的鼎盛期,秧苗移栽尚未开始;北部的黑河和佳木斯等地大田播种处于刚刚开始阶段。

6.4.8 小满

公历 5 月 20—22 日,视太阳运行到黄经 60°时为小满节气。在黄河流域一带,冬小麦等夏熟作物在此时节籽粒已开始饱满,但还没有成熟,大致相当乳熟后期,所以叫小满。相比之下,由于全省温度低,各农时要晚很长一段时间,此时黑龙江省的春小麦正在绿油油地苗壮生长。由于这个季节正是候鸟北迁到黑龙江省度夏的时节,因此又有"小满鸟来全"之说。

6.4.8.1 气温

近 40 a,小满节气内,全省平均气温为 16.5℃,其中北部地区平均 12~16℃,南部地区在 16~19℃;最高气温北部地区已达 19~23℃,南部地区在 21~25℃;最低气温北部地区也上升到 4~7℃,南部地区多在 10℃左右(图 6-40);与上一节气相比,温度回升的幅度为 3℃左右。

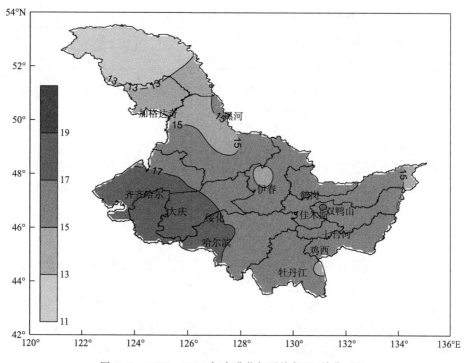

图 6-40 1971—2010 年小满节气平均气温(单位:℃)

从年代际变化情况来看(图6-41,表6-8),平均气温随年代延续的变化趋势是准升温,近40 a全省平均气温升高了1.6℃左右,但与前几个节气不同的是,在20世纪90年代,小满节气气温略有下降,平均气温多数年份在平均值以下,而21世纪的前10 a气温升高明显,平均气温多数在平均值以上。就全省平均而言,小满节气平均气温最高的3个年份分别为2010年、1979年、2006年,最低的3个年份分别为1974年、2008年、1995年。

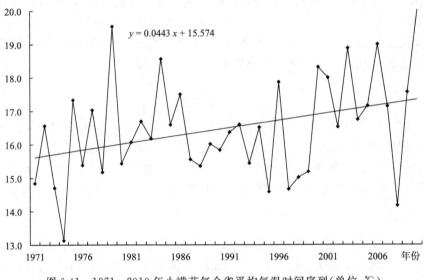

$$y = 0.0443\,x + 15.574$$

图6-41　1971—2010年小满节气全省平均气温时间序列(单位:℃)

表6-8　小满节气平均气温年代际变化(单位:℃)

年代	1971—1980	1981—1990	1991—2000	2001—2010	1971—2000	1981—2010	1971—2010
平均气温	15.9	16.4	16.1	17.5	16.1	16.7	16.5

近40 a(1971—2010年),小满节气平均气温除大兴安岭北部略有下降外,其他各地都是升温趋势,其中绥化南部升温趋势显著(图6-42)。

6.4.8.2　降水

正常年份,本节气的降雨量比上一节气平均会有6 mm左右的增长,历年节气内的总雨量全省平均可达26.5 mm,其中北部、西部和东北部地区在19～30 mm,而中东部地区可达30～40 mm(图6-43),多数年份本节气都会出现普降中雨的天气过程。

6.4.8.3　服务重点

(1)尽管此节气降雨量有所增长,但一些特殊年份,仍可能由于降雨少,也会出现严重的末春旱,所以防旱抗旱还是这个时节的重点。

(2)小满节气黑龙江省的春小麦还处在苗期的营养生长阶段,南部地区大田作物播种已接近尾声,北部地区大田作物尚处在播种的高峰期。因此,对黑龙江省大部分农区来说,此时节播种作物和种菜还不算为时过晚,所以有"立夏到小满,种啥啥不晚"的说法。

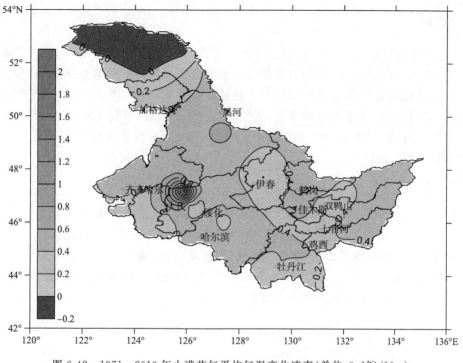

图 6-42　1971—2010 年小满节气平均气温变化速率(单位:0.1℃/10 a)

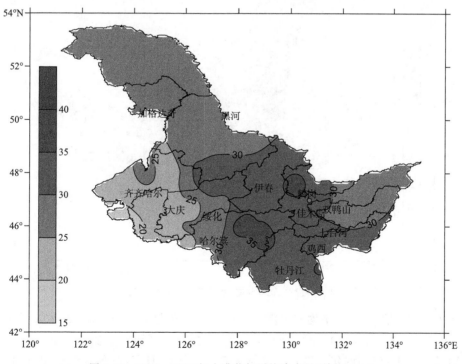

图 6-43　1971—2010 年小满节气平均降水量(单位:mm)

6.4.9　芒种

公历 6 月 5 日或 6 日,视太阳运行到达黄经 75°时为芒种节气。"芒种"是完全以农事活动命名的一个节气,由此可见,节气与农时结合的紧密程度。"芒种"的意思是说有芒的作物(主要指麦类)开始成熟收割,夏播作物则到了开始播种的时节,当然,这是对二十四节气的"老家"黄河流域一带而言的。对黑龙江省来说,天气远没有那里温暖,节气农时自然也与那里相差甚远。此时的黑龙江省,大田作物正处于出苗后的营养生长期,应当适时进行铲趟,所以在全省有"芒种开始铲"的说法。

6.4.9.1　气温

平常年份,芒种节气内,全省平均气温为 19.0℃,其中北部地区为 15~18℃,南部地区在 18~21℃;齐齐哈尔南部、大庆、绥化南部、哈尔滨西部平均气温在 20℃ 以上(图 6-44)。最高气温北部地区已普遍在 20℃ 以上,多在 22~26℃ 变动,南部地区平均已达 25℃ 左右,有时可出现 30℃ 以上的高温天气,最低气温北部地区也普遍突破 10℃ 的关口,南部地区则在 12~15℃;与上一节气相比,各地温度回升的幅度在 2~4℃。

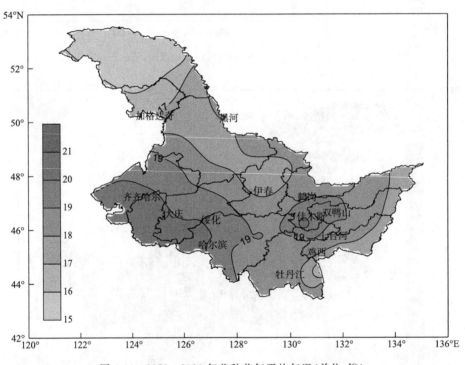

图 6-44　1971—2010 年芒种节气平均气温(单位:℃)

从年代际变化情况来看,平均气温随年代延续的变化趋势是准升温,近 40 a 全省平均气温升高了 1.7℃ 左右(图 6-45)。20 世纪 80 年代气温最低,平均气温多数年份在平均值以下,而 21 世纪的前 10 a 气温的年际变化比较大。就全省平均而言,芒种节气平均气温最高的 3 个年份分别为 2010 年、1995 年、2007 年,最低的 3 个年份分别为 1983 年、1972 年、1992 年。

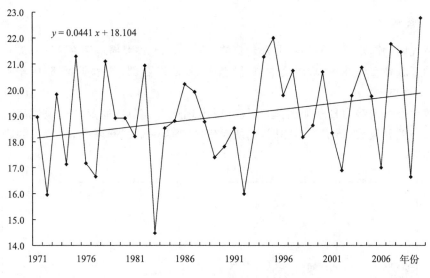

图 6-45　1971—2010 年芒种节气全省平均气温时间序列(单位:℃)

表 6-9　芒种节气平均气温年代际变化(单位:℃)

年代	1971—1980	1981—1990	1991—2000	2001—2010	1971—2000	1981—2010	1971—2010
平均气温	18.6	18.5	19.4	19.5	18.8	19.1	19.0

近 40 a(1971—2010 年),芒种节气平均气温除大兴安岭北部略有下降外,其他各地都是升温趋势,但气温的上升趋势普遍不显著(图 6-46)。

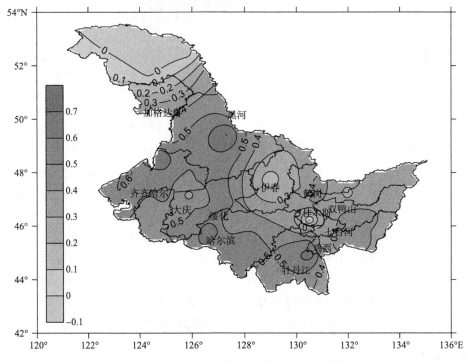

图 6-46　1971—2010 年芒种节气平均气温变化速率(单位:0.1℃/10 a)

6.4.9.2 降水

芒种节气内的降水量一般年份北部地区在 30~45 mm,南部地区在 45~65 mm,其中降水量较多的区域在绥化北部、哈尔滨中部、伊春南部、鹤岗西部、佳木斯西部,历年平均降水量超过 55 mm(图 6-47)。

由于暖湿空气的势力日渐加强,本节气有望出现比上一节气明显的过程性降水,当然,每年的天气形势差异很大,情况不尽相同,但从大气活动的一般规律考察,本节气的降水应呈现增多的趋势。

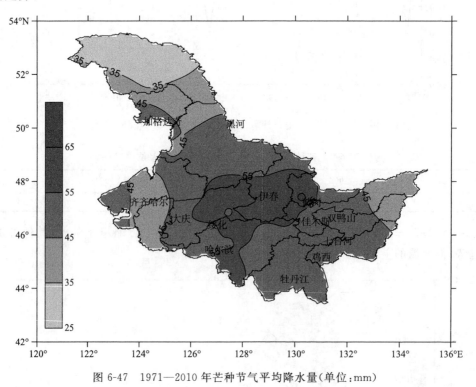

图 6-47 1971—2010 年芒种节气平均降水量(单位:mm)

6.4.9.3 服务重点

(1)由于此节气大田播种已结束,这个时节如果出现高温少雨的干旱天气,可造成"炕种""芽干"等现象。因此抗春旱不可松懈。俗话说"大旱不过五月十三",这里是针对阴历而言的,阴历的五月十三就应该在芒种节气内,因此,即便有春旱,也一定是强弩之末了。

(2)值得注意的是,按照节气规律,芒种一过,黑龙江省不应再实施补苗,正如黑龙江省本地农谚所说"芒种芒种不可强种"。本节气的农事活动主要是抓紧有利时机进行铲、耥。在旱情较重的年份,各地应在常年三铲三耥的基础上争取做到多铲多耥,以保证除草和保墒。水田要及时灌溉,保证稻苗生长需要。同时要注意防止各种病虫害的发生、发展,如旱田黏虫、蚜虫、玉米螟、大豆食心虫、水稻稻瘟病及各类蔬菜、瓜果的病虫害。

6.4.10 夏至

公历 6 月 21 日或 22 日,视太阳运行到黄经 90°时为夏至节气。这一天太阳直射北回归线,是北半球白昼最长的一天,节气的名称便由此而来。"至"是"终极"的意思,"夏至"意思就是"日照长至终极"。拿哈尔滨来说,这天日出时间是凌晨 3 时 42 分,日落时间为晚 7 时 28 分,是一年中太阳照耀时间最长的一天,不过,这天白昼最长的地方当属黑龙江省的"北极村"漠河,日出时间是凌晨 03 时 08 分,日落时间为晚 20 时 25 分,日照时间长达 17 h 左右。此后各地白昼的时间将一点点地缩短,正所谓"吃了夏至饭,一天短一线"。

6.4.10.1　气温

夏至节气后,暖空气势力继续加强,炎热天气增多。平常年份,本节气全省平均气温为 21.3℃,其中北部地区平均已向 20℃逼近,南部地区则在 20～22℃左右,个别地方平均气温超过了 24℃(图 6-48);最高气温全省平均已达 26.6℃,其中北部地区平均 25～27℃,南部地区平均已达 27～29℃,30℃以上的高温天气从北到南均有机会出现;最低气温全省平均已超过 15℃,其中北部地区平均为 12～14℃,南部地区平均 15～17℃;与上一节气相比,各地温度回升的幅度为 2～3℃。

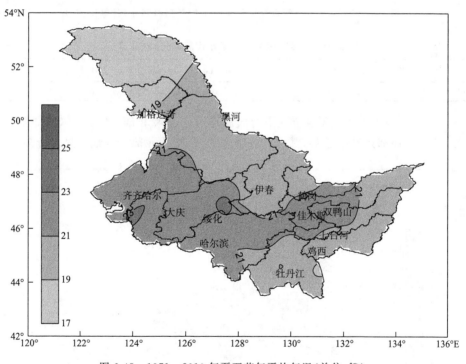

图 6-48　1971—2010 年夏至节气平均气温(单位:℃)

从年代际变化情况来看(表 6-10),平均气温随年代延续的变化趋势是准升温,近 40 a 全省平均气温升高了 2.1℃左右。20 世纪 80 年代气温最低,平均气温半数以上年份在平均值以下,而 20 世纪 90 年代后期到 21 世纪的前 10 a 多数以上年份在平均值以上(图 6-49)。就全省平均而言,夏至节气平均气温最高的 3 个年份分别为 2010 年、2000 年、1978 年,最低的 3 个年份分别为 1983 年、1995 年、1981 年。

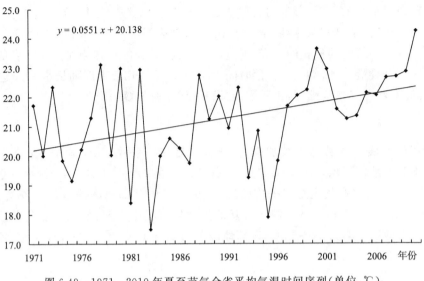

图 6-49　1971—2010 年夏至节气全省平均气温时间序列(单位:℃)

表 6-10　夏至节气平均气温年代际变化(单位:℃)

年代	1971—1980	1981—1990	1991—2000	2001—2010	1971—2000	1981—2010	1971—2010
平均气温	21.1	20.5	21.1	22.4	20.9	21.3	21.3

近 40 a(1971—2010 年),夏至节气平均气温除大兴安岭北部、齐齐哈尔南部个别县市略有下降外,其他各地都是升温趋势,其中齐齐哈尔北部、绥化北部个别地方显著升温(图 6-50)。

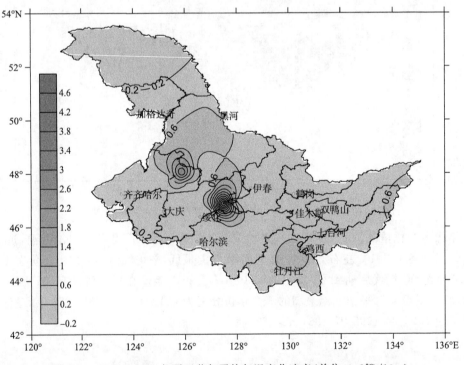

图 6-50　1971—2010 年夏至节气平均气温变化速率(单位:0.1℃/10 a)

6.4.10.2　降水

本节气的降水量比上一节气增多,平常年份,北部地区的节气总降水量在 35～50 mm,其他大部分地区在 50～65 mm(图 6-51),大雨甚至是暴雨天气有时会"现身"本节气。

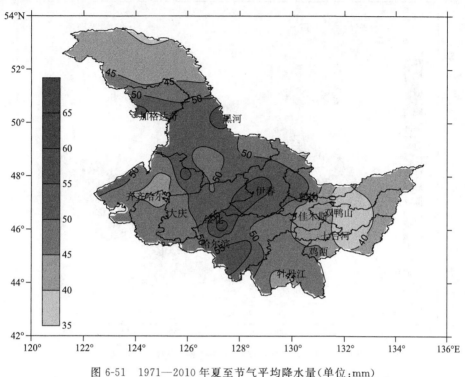

图 6-51　1971—2010 年夏至节气平均降水量(单位:mm)

6.4.10.3　服务重点

虽然夏至节气内暖空气势力明显加强,而冷空气也不肯轻易退出历史舞台,有时冷空气在高空作祟,可形成强对流天气,阵雨、雷阵雨是这一时节的主要降水形式,在对流特别强盛时,时有冰雹灾害,据统计,5 月、6 月发生的冰雹天气要占到全年的 70% 左右,因此,预防雹灾是本节气的重点。

6.4.11　小暑

公历 7 月 7 日或 8 日,视太阳运行到黄经 105°时为小暑节气。小暑即表示暑热天气的开始,但还没有达到极点。虽然夏至时北半球接受阳光照射时间已达最长,但由于太阳辐射过来的热量必须先对地面和大气加温,才能把热储存于大气中,所以天气从夏至开始慢慢加热,经过小暑后,热度才会快速升高直至"大暑"到达极点。这也就是人们常说的"小暑过,一日热三分"。

6.4.11.1　气温

平常年份,小暑节气内,全省平均气温为 22.0℃,其中北部地区平均为 19～21℃,西南部地区平均在 22℃以上;最高气温全省平均已超过 27℃(图 6-52),此时南北的温度差异很小,各地基本都会出现 30℃以上的高温天气,而且多数地方的极端最高气温都出现在小暑期间;最低气温全省平均 17.1℃,其中北部地区平均近 15℃,南部地区在 16～18℃。可见,小暑节气后,暖空气越发强盛,黑龙江省温度自南向北已普遍升高,炎炎夏日常常会使人坐卧不宁。

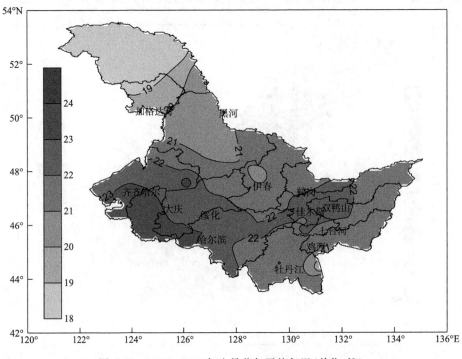

图 6-52　1971—2010 年小暑节气平均气温(单位:℃)

从年代际变化情况来看(表 6-11),20 世纪 80 年代气温最低,平均气温多数年份在平均值以下,而 20 世纪 90 年代正好相反,平均气温多数年份在平均值以上,到 21 世纪的前 10 年平均气温又有所回落(图 6-53)。就全省平均而言,小暑节气平均气温最高的 3 个年份分别为1999 年、2000 年、1997 年,最低的 3 个年份分别为 1991 年、1987 年、2009 年。

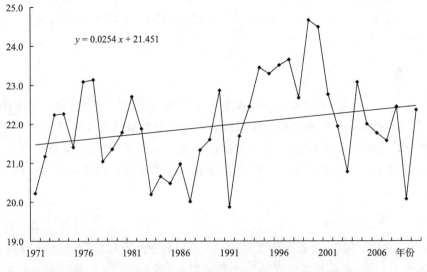

图 6-53　1971—2010 年小暑节气全省平均气温时间序列(单位:℃)

表 6-11　小暑节气平均气温年代际变化(单位:℃)

年代	1971—1980	1981—1990	1991—2000	2001—2010	1971—2000	1981—2010	1971—2010
平均气温	21.8	21.3	23.0	21.9	22.0	22.0	22.0

近 40 a(1971—2010 年),小暑节气平均气温除大兴安岭北部、齐齐哈尔北部个别县市略有下降外,其他各地都是升温趋势,但上升趋势不显著(图 6-54)。

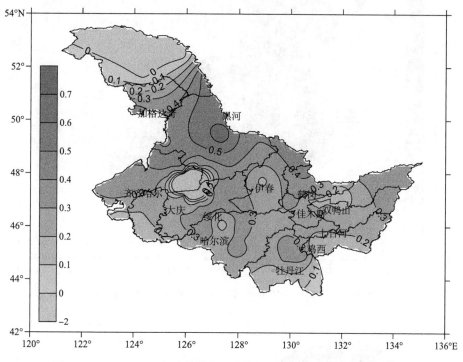

图 6-54　1971—2010 年小暑节气平均气温变化速率(单位:0.1℃/10 a)

6.4.11.2　降水

小暑节气,黑龙江省大部分地区开始转为受来自西太平洋的东南季风的影响,气旋活动频繁,南方暖湿空气也借助着气旋的威力大量涌入,导致降水明显增多,平常年份,北部和东北部地区的节气总降水量在 50～65 mm,其他大部分地区约在 65～95 mm(图 6-55)。

小暑节气,各地相对湿度明显增大,除了西南部的齐齐哈尔和大庆外,其他大部分地区平均相对湿度都超过了 75%,比其他节气明显增大(图 6-56)。所以说,小暑节气是雨热同季的时节。

6.4.11.3　服务重点

(1)常年这个时节各地多大雨、暴雨,山区仍多阵性降水,冰雹也偶尔前来助阵。服务重点是预防暴雨引发的城市内涝、山洪、泥石流等次生灾害以及冰雹引发的灾害。

(2)本节气内,黑龙江省大部分农作物均处于营养生长的盛期,既要求热量也要求有充足的水分供应,小麦处于灌浆至成熟期,要求雨量充沛,日光充足。本节气农民朋友要继续做好田间管理,及时施肥,保证作物的营养供应。但也要注意预防雷暴天气带来的灾害,雷暴天气常与大风、暴雨相伴出现,有时还有冰雹,容易造成灾害。

(3)小暑节气温度高,湿度大,容易引发中暑,防暑是人们永远需要重复的话题。在高温天气到来之前,提前发布"高温警报""中暑指数""紫外线指数"预报等,提醒公众预防,虽说老生常谈,但仍需提醒。

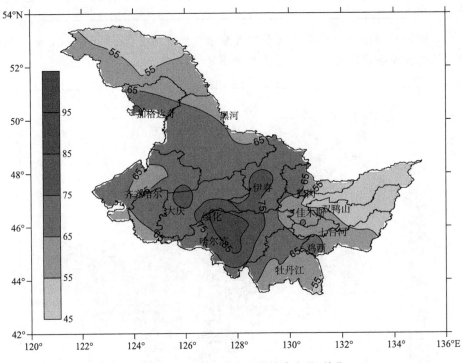

图 6-55　1971—2010 年小暑节气平均降水量(单位:mm)

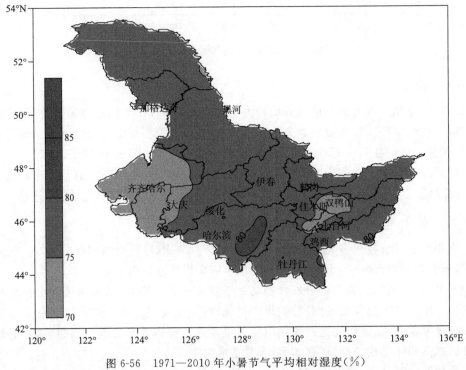

图 6-56　1971—2010 年小暑节气平均相对湿度(%)

6.4.12　大暑

公历 7 月 22 日或 23 日，视太阳运行到黄经 120°时为大暑节气。大暑的意思是说暑热达到了极点，对全国多数地方来说，这一节气都处在一年中最热的"伏天"，黑龙江省也不例外。正如农谚中所说"小暑不算热，大暑三伏天"，大家都知道"热在三伏"。大暑一般处在三伏里的中伏阶段。这时在我国大部分地区都处在一年中最热的阶段，而且各地温差也不大。刚好与谚语"冷在三九，热在中伏"相吻合。大暑相对小暑，顾名思义，更加炎热。大暑也是雷阵雨最多的季节，"夏雨隔田埂"及"夏雨隔牛背"等，形象地说明了雷阵雨，常常是这边下雨那边晴，正如唐代诗人刘禹锡的诗句："东边日出西边雨，道是无晴却有晴。"

6.4.12.1　气温

平常年份，本节气全省平均气温为 22.1℃，其中北部地区在 19～21℃，南部地区多在 21～23℃，西南部地区平均气温可达 24℃以上(图 6-57)；最高气温全省平均已达 27.1℃，其中北部地区平均状况在 25～27℃，南部地区多在 27～29℃ 之间变动；最低气温全省平均 17.4℃，其中北部地区在 14～16℃，南部地区平均状况在 18℃上下；气温连续出现大于 25℃ 的日数多集中在这一节气，最高气温常常在 30℃ 以上。此节气气温的另一显著特点是日较差明显减小，南部地区最低气温有时可达 20℃ 以上，比如 1997 年 7 月 22 日、24 日哈尔滨日最低气温都曾高达 25.7℃。

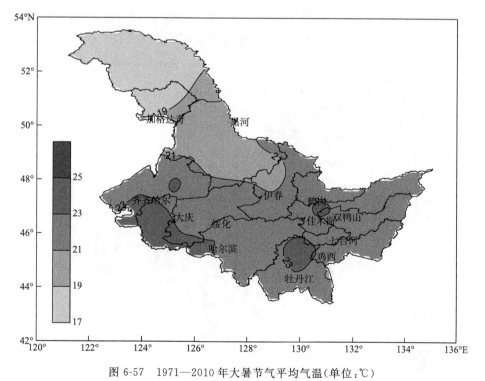

图 6-57　1971—2010 年大暑节气平均气温(单位：℃)

从年代际变化情况来看(表 6-12)，近 40 a 大暑节气温度年代际变化不明显(图 6-58)，没有哪一个年代明显偏高或偏低。就全省平均而言，大暑节气平均气温最高的 3 个年份都在 20 世纪 80 年代，分别为 1982 年、1988 年、1984 年，最低的 3 个年份分别为 1971 年、1986 年、2003 年。

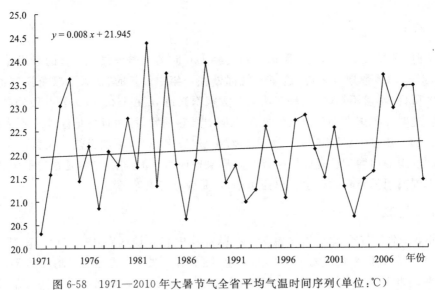

图 6-58　1971—2010 年大暑节气全省平均气温时间序列（单位:℃）

表 6-12　大暑节气平均气温年代际变化（单位:℃）

年代	1971—1980	1981—1990	1991—2000	2001—2010	1971—2000	1981—2010	1971—2010
平均气温	22.0	22.3	21.9	22.3	22.1	22.2	22.1

　　近 40 a(1971—2010 年)，大暑节气平均气温西部地区略有上升、而东部地区则略有下降，不过除了个别地方升降明显外，大部分地区变化趋势不显著(图 6-59)。

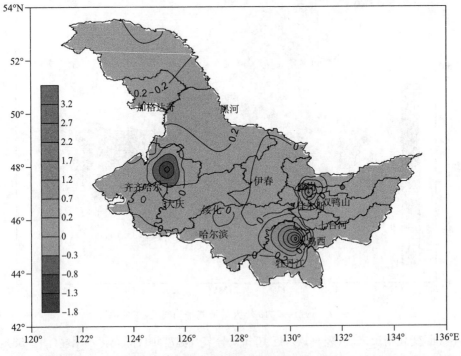

图 6-59　1971—2010 年大暑节气平均气温变化速率（单位:0.1℃/10 a）

6.4.12.2　降水

大暑节气的降雨量也是一年中最多的时期,平常年份,黑龙江省北部、西南部地区的节气平均降水量在 50～70 mm,东南部地区在 70 mm 左右,中部地区可多达 90 mm 左右(图6-60)。历史上此期间常有大雨、暴雨出现,因此有"七下、八上多大雨"的说法。

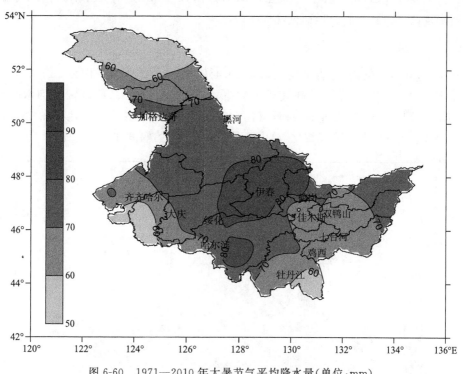

图 6-60　1971—2010 年大暑节气平均降水量(单位:mm)

6.4.12.3　服务重点

(1)"七下、八上多大雨",而 7 月下旬和 8 月上旬基本都在大暑时段之内,所以大暑期间是黑龙江省防汛、防洪、防涝的关键时期。

(2)大暑节气气温高,农作物生长快。俗话说"稻在田里热了笑,人在屋里热了跳",对黑龙江省大部分地方来说,虽然多数时间还不至于把人热得"跳",但较高的温度对农作物生长却十分有利,此阶段是作物生长的关键时期。暴雨也往往给农作物补充急需的水分,但若同时出现强对流天气以及过量的雨水,往往形成局地洪涝和泥石流灾害。预防大雨、暴雨引发的洪涝灾害是农民防御重点。

(3)由于大暑节气内气温相对较高,有时还会出现高温高湿的闷热天气,容易引发"中暑",需及时提醒公众预防。年老体弱的人要避免中午至下午外出;农民朋友到田间劳作要切记避开一天中的高温时段,并要带足饮用水。只有当北方冷空气与南方或东部海上输送来的暖湿气流配合默契时,出现一两场像样的暴雨,才可一解暑气。

6.4.13　立秋

公历 8 月 7 日或 8 日,视太阳运行到黄经135°时为立秋节气。"立秋"是秋季的开始,但这仅仅是从天文学的角度划分后来命名的该节气,我国大江南北从气候学的角度看,这个时节大都没有达到秋天的温度指标,尽管如此,南方地区仍会把"立秋"后出现的高温天气称为"秋老虎",在大多数年份,"秋老虎"都会跳出来"示威"。黑龙江省虽然地处祖国最北端,"立秋"也并非秋天的开始,有些年份还会受到北抬的西太平洋副热带高压影响,出现高温高湿的闷热天气。不过从本节气开始,由于暖空气将呈退却的态势,天气总的趋势是逐渐凉爽。气温的早晚温差逐渐明显,往往是白天很热,而夜晚却比较凉爽。

6.4.13.1　气温

平常年份,立秋节气内,全省平均气温为 20.4℃,其中北部地区平均为 16～19℃,南部地区平均在 19～22℃(图 6-61);最高气温全省平均 25.4℃,其中北部地区平均水平在 23～25℃,南部地区则在 25～27℃左右;最低气温全省平均 15.4℃,其中北部地区在 12～14℃,南部地区为 16℃上下;与上一节气相比,温度开始下降,下降的幅度在 2℃左右。

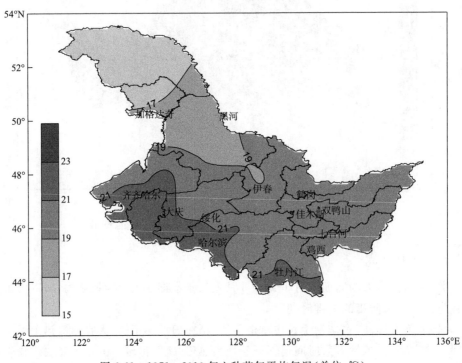

图 6-61　1971—2010 年立秋节气平均气温(单位:℃)

从年代际变化情况来看,平均气温随年代延续的变化趋势是稳步增温(图 6-62),在 21 世纪的第一个 10 a 比 20 世纪 70 年代上升了 1.2℃(表 6-13)。进入 21 世纪以后,多数年份平均气温在平均值以上。就全省平均而言,立秋节气平均气温最高的 3 个年份分别为 2007 年、2000 年、1991 年,最低的 3 个年份分别为 1972 年、1977 年、2002 年。

近 40 a(1971—2010 年),立秋节气平均气温多数地方呈略有上升趋势,不过除了个别地方升温明显外,大部分地区变化趋势不显著(图 6-63)。

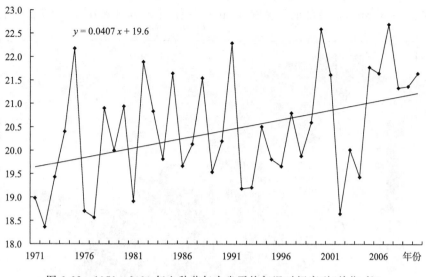

图 6-62 1971—2010 年立秋节气全省平均气温时间序列(单位:℃)

表 6-13 立秋节气平均气温年代际变化(单位:℃)

年代	1971—1980	1981—1990	1991—2000	2001—2010	1971—2000	1981—2010	1971—2010
平均气温	19.8	20.4	20.5	21.0	20.2	20.6	20.4

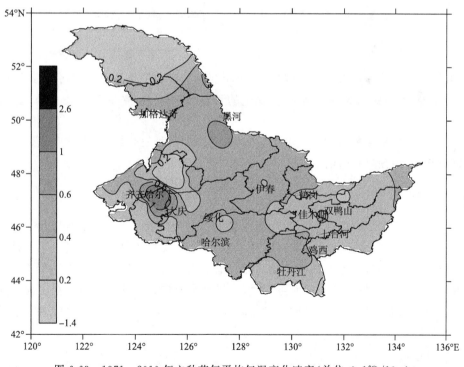

图 6-63 1971—2010 年立秋节气平均气温变化速率(单位:0.1℃/10 a)

6.4.13.2 降水

进入立秋节气,各地的降雨量开始呈现减少的趋势,平常年份,北部和西部地区的立秋节气降水量在 40～50 mm,东南部地区多在 60 mm 左右,中部地区多在 60～80 mm(图 6-64)。

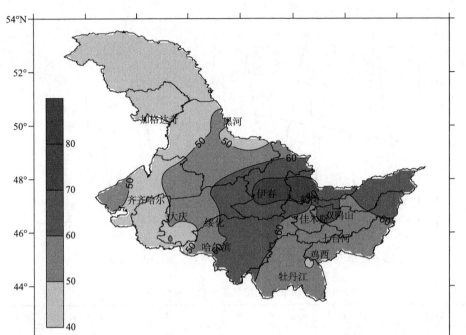

图 6-64   1971—2010 年立秋节气平均降水量(单位:mm)

6.4.13.3   服务重点

(1)虽然本节气总体降水量开始减少,但由于西太平洋副热带高压有时还会在这一时节西伸北跳,因此,大雨和暴雨天气过程仍有发生的可能性。所以,立秋节气还是防汛的最后关键期。

(2)立秋时节也是多种作物病虫集中危害的时期,如水稻三化螟、稻纵卷叶螟、稻飞虱和玉米螟等,要加强预测预报和防治。

6.4.14   处暑

公历 8 月 23 日或 24 日,视太阳运行到黄经 150°时为处暑节气。《月令七十二候集解》中解释说:"处,去也,暑气至此而止矣。"意思是说到了处暑,炎热的夏天即将过去了。处暑以后,我国大部分地区气温回落,黑龙江省在这方面的体现更为明显,日最高气温达到 30℃的高温天气基本宣告结束。而且日较差加大更为明显,虽然有时白天较热,日落后,温度便迅速下降。昼暖夜凉的条件对农作物体内干物质的制造和积累十分有利,庄稼成熟较快,因此民间有"处暑禾田连夜变"的说法。

6.4.14.1   气温

平常年份,处暑节气内,全省平均气温为 17.8℃,其中北部地区在 12～16℃,南部地区在 17～20℃(图 6-65);最高气温全省平均 23.3℃,其中北部地区在 21～23℃,南部地区在 23～25℃;最低气温全省平均 12.2℃,其中北部地区降至 8～11℃,南部地区在 12～14℃;与上一

节气相比,温度继续下降,其中最高气温大都下降 2℃多一点,而最低气温从南到北下降的幅
度都达到了 3℃。

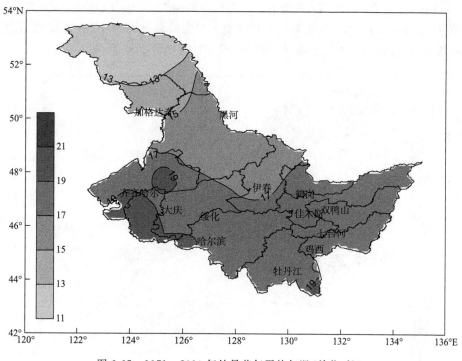

图 6-65　1971—2010 年处暑节气平均气温(单位:℃)

　　处暑节气,单单用气温开始走低来描述是不够的。气温走低仅是其中的一个现象。产生
这一现象背后的原因,首先应是太阳的直射点继续南移,太阳辐射减弱;二是副热带高压跨越
式地向南撤退,蒙古冷高压开始跃跃欲试,出拳出脚,小露锋芒。

　　开始影响我国的冷高压,在它的控制下,形成下沉的、干燥的冷空气,先是宣告了黑龙江省
雨季的结束,率先开始了一年之中最美好的天气——秋高气爽。

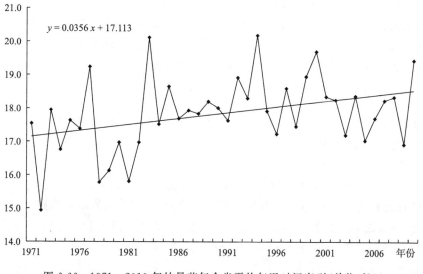

图 6-66　1971—2010 年处暑节气全省平均气温时间序列(单位:℃)

从年代际变化情况来看,处暑节气平均气温从20世纪80年代中期开始比前期明显升高,但基本都在平均值上下波动(图6-66)。就全省平均而言,处暑节气平均气温最高的3个年份分别为1994年、1983年、2000年,最低的3个年份分别为1972年、1978年、1981年。

近40 a(1971—2010年),处暑节气平均气温大兴安岭北部、齐齐哈尔北部、绥化西北部气温呈下降趋势,其他多数地方呈略有上升趋势,不过升温趋势不显著(图6-67)。

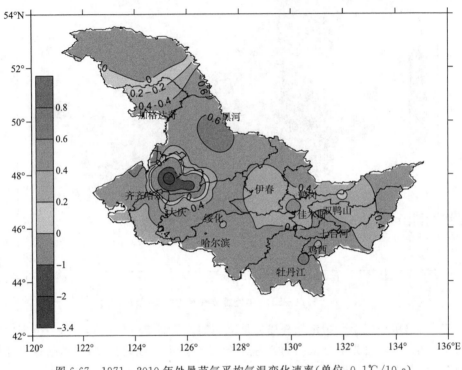

图6-67　1971—2010年处暑节气平均气温变化速率(单位:0.1℃/10 a)

6.4.14.2　降水

本节气的降水量继续减少,除西南部和东南部降水量不足40 mm,其他大部分地区仍有40～55 mm的降雨(图6-68)。但每当冷空气影响黑龙江省时,若空气干燥,往往带来刮风天气,若大气中有暖湿气流输送,往往形成一场像样的秋雨。每每风雨过后,特别是下雨过后,人们会感到较明显的降温。故有"一场秋雨(风)一场寒"之说。

6.4.14.3　服务重点

(1)虽然降雨总趋势在减少,但本节气仍不排除有局地降大雨、暴雨的可能,所以各部门仍不可有麻痹思想,要做好最后阶段的防汛。

(2)秋季防雹应在这一时节开始。

(3)处暑节气继续处在由热转凉的交替时期,气温下降明显,昼夜温差加大,雨后艳阳当空,人们往往对夏秋之交的冷热变化不很适应,一不小心就容易引发呼吸道感染、肠胃炎、感冒等疾病,故有"多事之秋"之说。此时起居作息要相应地调整。进入秋季养生,首先调整的就是睡眠时间,争取做到早睡早起,科学的养生保健。

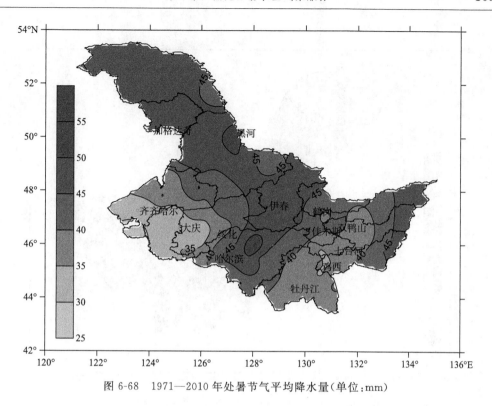

图 6-68　1971—2010 年处暑节气平均降水量(单位:mm)

6.4.15　白露

公历 9 月 7 日或 8 日,视太阳运行到黄经 165°时为白露节气。白露是个典型的秋天节气,农历上说:"斗指癸为白露,阴气渐重,凝而为露,故名白露。"意思是从这个节气开始,气温降低得较快,夜来草木上可见到白色的露水,故而得名。《月令七十二候集解》中说:"八月节,阴气渐重,露凝而白也。""白露"是二十四节气中最富有诗情画意之感的节气名称,唐代诗人韦应物的《咏露珠》便是将秋露之美生动地记了下来:"秋荷一滴露,清夜坠玄天。将来玉盘上,不定始知园。"

6.4.15.1　气温

进入白露节气后,夏季风逐步被冬季风所代替,冷空气转守为攻,暖空气逐渐退避三舍。冷空气分批南下,往往带来一定范围的降温幅度。人们爱用"白露秋风夜,一夜凉一夜"的谚语来形容气温下降速度加快的情形。

平常年份,本节气内,全省平均气温为 13.7℃,其中北部地区已降至 7~12℃,南部地区在 12~15℃(图 6-69);最高气温全省平均 19.5℃,其中北部地区 17~19℃,南部地区仍在 20℃上下;最低气温全省平均 7.4℃,其中北部地区多在 3~5℃,南部地区在 7~9℃;与上一节气相比,温度下降的幅度又有所增大,各地气温均下降了 4~5℃。

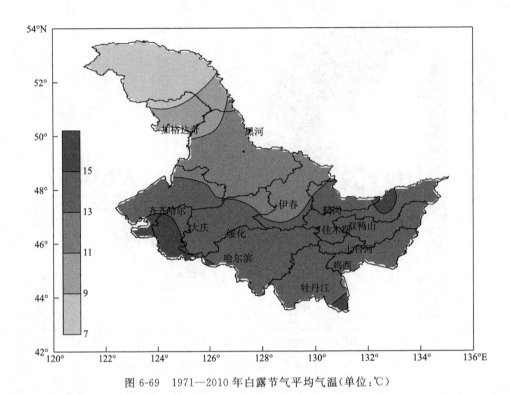

图 6-69 1971—2010 年白露节气平均气温(单位:℃)

从年代际变化情况来看,白露节气平均气温在 20 世纪变化不大,从 90 年代中期开始明显升高,21 世纪前 10 a 比 20 世纪 70 年代升高了 1.5℃(表 6-14),多数年份平均气温在平均值以上(图 6-70)。就全省平均而言,白露节气平均气温最高的 3 个年份都在 21 世纪,分别为 2008 年、2007 年、2005 年,最低的 3 个年份分别为 1997 年、1989 年、1977 年。

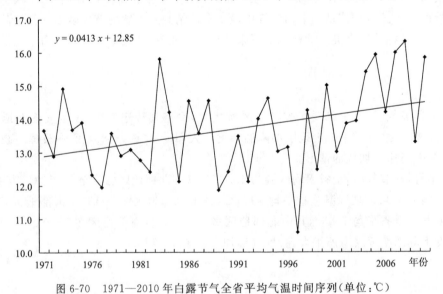

图 6-70 1971—2010 年白露节气全省平均气温时间序列(单位:℃)

表 6-14　白露节气平均气温年代际变化(单位:℃)

年代	1971—1980	1981—1990	1991—2000	2001—2010	1971—2000	1981—2010	1971—2010
平均气温	13.3	13.4	13.3	14.8	13.3	13.8	13.7

近 40 a(1971—2010 年),白露节气平均气温大兴安岭北部呈下降趋势,其他多数地方呈略有上升趋势,升温趋势不显著,只有黑龙江省东北角升温明显(图 6-71)。

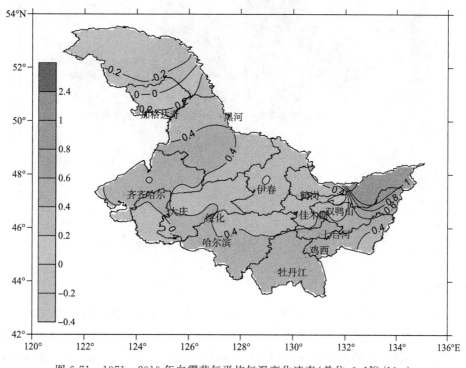

图 6-71　1971—2010 年白露节气平均气温变化速率(单位:0.1℃/10 a)

6.4.15.2　降水

从本节气开始,暖空气进一步向南收缩,西伯利亚冷空气经常南下影响,因此,各地的降水明显减少,进入秋高气爽的时节,空气比较干燥。节气内总降雨量北部和西南部不足 25 mm,东北部地区还可超过 30 mm(图 6-72)。

6.4.15.3　服务重点

(1)农业上,经过一个春夏的辛勤劳作之后,人们迎来了瓜果飘香、作物成熟的收获季节。辽阔的东北平原开始收获大豆、谷子、水稻和高粱。但随着气温下降,有些年份会出现早霜冻。早霜冻影响大豆的质量和产量,使玉米遭受冻害,影响产量。此时早霜冻的提前准确预报很重要。

(2)山地林区,空气干燥、风力加大,森林火险开始进入秋季高发期。

(3)白露至秋分前后,日暖而夜寒的天气特点更加鲜明。在气温转换的季节,人们要注意营养和寒热调解,度过"多事之秋"。

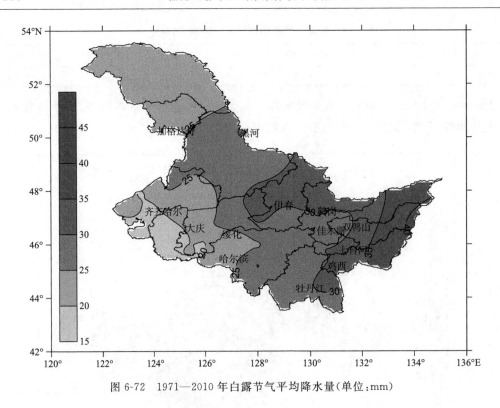

图 6-72　1971—2010 年白露节气平均降水量(单位:mm)

6.4.16　秋分

公历 9 月 22—24 日,视太阳运行到黄经 180°时为秋分节气。秋分时节,我国长江流域及其以北的广大地区,均先后进入了秋季,日平均气温都降到了 22℃ 以下。北方冷气团开始具有一定的势力,全国大部分地区雨季刚刚结束,凉风习习,碧空万里,风和日丽,秋高气爽,丹桂飘香,蟹肥菊黄,秋分是美好宜人的时节,也是农业生产上重要的节气。对黑龙江省来说,到了秋分时节,各地温度已降到作物不能继续生长的程度,因此,民间有"秋分不生田"的说法。

6.4.16.1　气温

此日同"春分"日一样,"秋分"日,阳光几乎直射赤道。此日后,阳光直射位置南移,北半球昼短夜长。北半球得到的太阳辐射越来越少,而地面散失的热量却较多,气温降低的速度明显加快。对黑龙江省来说,即使是温暖的南部地区,秋分见霜已不足为奇,因为黑龙江省南部地区的多年初霜日期多在 9 月下旬,基本处在秋分节气。

平常年份,本节气的全省平均气温已降至 9.8℃,其中北部地区在 4～8℃,南部地区在8～11℃(图 6-73),各地最高气温还普遍在 15℃ 上下,其中北部地区在 12～15℃,南部地区在15～18℃;最低气温北部地区平均已降至 0℃ 左右,南部地区则在 3～5℃。昼夜温差逐渐加大,幅度将高于 10℃ 以上,气温逐日下降,一天比一天冷,逐渐步入深秋季节

从年代际变化情况来看(图 6-74),秋分节气平均气温在 20 世纪 80 年代最低,多数年份气温在平均值以下,90 年代后期开始气温明显升高。就全省平均而言,秋分节气平均气温最高的 3 个年份分别为 2006 年、2004 年、1975 年,最低的 3 个年份分别为 1984 年、1983 年、1972 年。

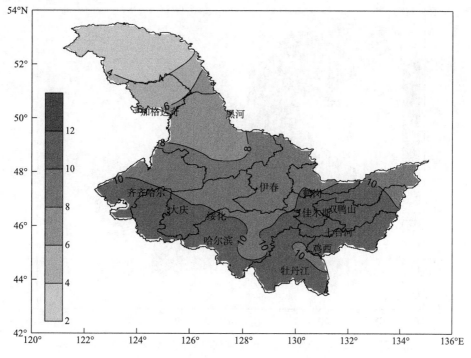

图 6-73　1971—2010 年秋分节气平均气温(单位:℃)

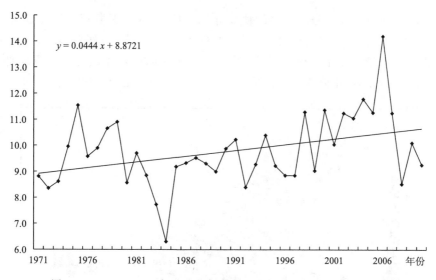

$y = 0.0444 x + 8.8721$

图 6-74　1971—2010 年秋分节气全省平均气温时间序列(单位:℃)

近 40 a(1971—2010 年),秋分节气平均气温大兴安岭北部气温呈下降趋势,其他多数地方呈略有上升趋势,不过升温趋势普遍不显著(图 6-75)。

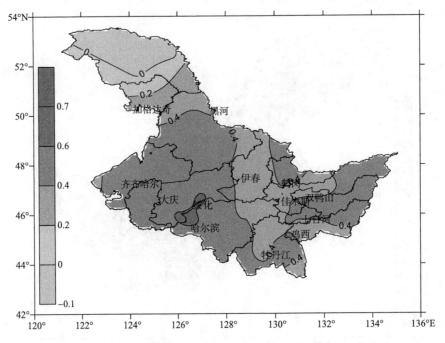

图 6-75 1971—2010 年秋分节气平均气温变化速率(单位:0.1℃/10 a)

6.4.16.2 降水

秋分时节,黑龙江省已经进入凉爽的秋季,南下的冷空气与逐渐衰减的暖湿空气相遇,产生一次次的降水,气温也一次次地下降。正如人们所常说的那样,到了"一场秋雨一场寒"的时候,但秋分之后的日降水量不会很大,各地降水日数进一步减少,节气总降水量北部和西部地区都降至 20 mm 以下,中部降水偏多的地区也只有 35 mm 左右(图 6-76)。

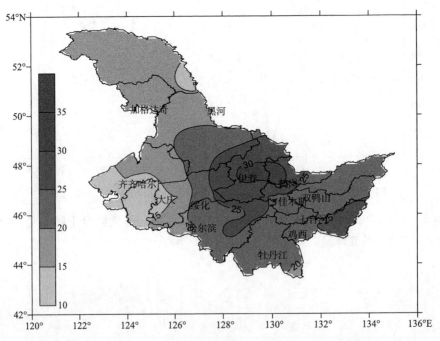

图 6-76 1971—2010 年秋分节气平均降水量(单位:mm)

6.4.16.3 服务重点

(1)秋分正是黑龙江省深秋时节,秋季降温快的特点使秋收大忙显得格外紧张。农民朋友们此时最重要的就是做好防霜、防冻的准备工作,并采取一切措施促早熟,同时要做好作物收割前的一切准备,做到成熟一块,收割一块,以防农活过于集中,忙不过来。"白露过秋分,农事忙纷纷",此后全省的秋季收获时节将正式开始。

(2)此时的连绵阴雨也是影响秋收正常进行的主要不利因素,连阴雨会使即将到手的作物倒伏、霉烂或发芽,造成严重损失,必须认真做好预报和防御工作。

6.4.17 寒露

公历 10 月 8 日或 9 日,视太阳运行到黄经 195°时为寒露节气。"寒露"的意思是此时期的气温比"白露"时更低,地面的露水更冷,快要凝结成霜了。如果说"白露"节气标志着炎热向凉爽的过渡,暑气尚不曾完全消尽,早晨可见露珠晶莹闪光。那么"寒露"节气则是天气转凉的象征,标志着天气由凉爽向寒冷过渡,露珠寒光四射,如俗语所说的那样,"寒露寒露,遍地冷露"。史书记载:"斗指寒甲为寒露,斯时露寒而冷,将欲凝结,故名寒露。""露气寒冷,将凝结也。"当然,以上的记载对应的地方是二十四节气的"老家"黄河流域一带,对于黑龙江省来说,由于冷空气最先到达,因此时令还要更早一些,到了寒露时节,已不仅仅是露气寒冷了,通常这个时节,黑龙江省自北向南早已出过霜和霜冻了,即便是在纬度更偏南的地区,寒露时节也是气候由热转寒,万物随寒气加重,逐渐萧落的时节,也是热与冷交替的季节。

6.4.17.1 气温

平常年份,本节气内的全省平均气温为 4.7℃,其中北部地区已降至冰点以下,南部地区

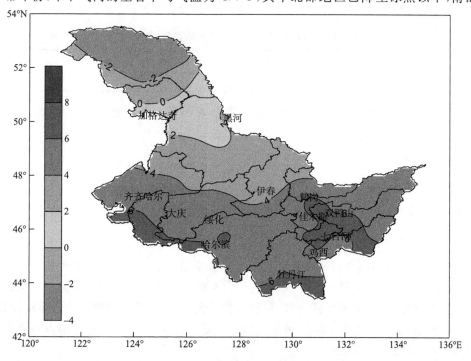

图 6-77 1971—2010 年寒露节气平均气温(单位:℃)

在 4～6℃（图 6-77）；此时北部地区的最高气温已多在 10℃ 以下，南部地区在 10～13℃；最低气温全省平均已经首次达到零下，为 —1.1℃，北部地区最低气温基本维持在冰点以下，而南部地区也在向零点靠近，一般年份，在寒露节气内都可出现因最低气温达到 0℃ 左右而结冰的现象，因此用"寒露"来形容黑龙江省此时的天气，不如用"冰露"来形容更加贴切一些。

从年代际变化情况来看（图 6-78），20 世纪 70 年代、80 年代多数年份在平均值以下，90 年代多数在平均值以上，而 21 世纪的前 10 a，气温波动比较大，且 21 世纪前 10 a 平均气温比 20 世纪 70 年代上升了 1.7℃（表 6-15）。就全省平均而言，寒露节气平均气温最高的 3 个年份分别为 2008 年、1990 年、1998 年，最低的 3 个年份分别为 1974 年、1980 年、1986 年。

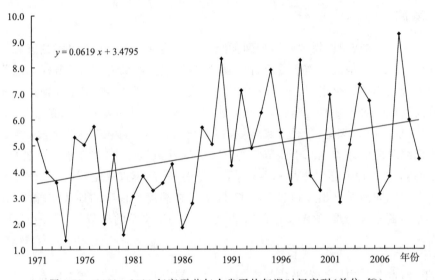

$$y = 0.0619\,x + 3.4795$$

图 6-78　1971—2010 年寒露节气全省平均气温时间序列（单位：℃）

表 6-15　寒露节气平均气温年代际变化（单位：℃）

年代	1971—1980	1981—1990	1991—2000	2001—2010	1971—2000	1981—2010	1971—2010
平均气温	3.8	4.2	5.5	5.5	4.5	5.1	4.7

近 40 a（1971—2010 年），寒露节气平均气温全省都呈上升趋势，西部地区升温相对明显一些（图 6-79）。

6.4.17.2　降水

寒露时节，黑龙江省大部分地区的降水量继续大幅度减少，多数地方节气内的总降水量已减少到 10 mm 左右（图 6-80），晴天多，雨天少的气候规律为黑龙江省秋收提供了便利条件。

6.4.17.3　服务重点

（1）冷空气频繁进入，气温持续降低的天气转换季节，人们应注意身体健康。医疗气象研究表明，在这个节气里最容易诱发呼吸系统、消化系统的疾病。此时的气候特点决定了人们易患季节交换的感冒，所以大家要注意气温变化，常听天气预报，根据温度变化适当添加衣物，虽然我们自古就有"春捂秋冻"的说法，可是秋冻一定要适当，特别是对于抗冷能力差的老人和孩子更是如此，要早加衣早保暖。

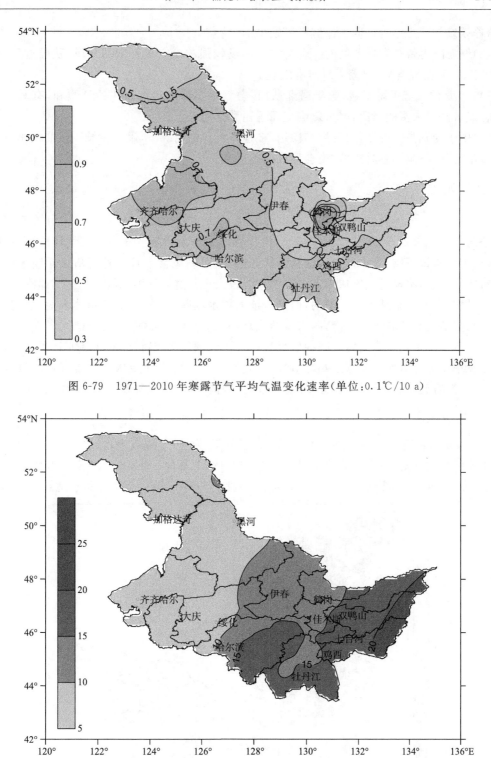

图 6-79　1971—2010 年寒露节气平均气温变化速率(单位:0.1℃/10 a)

图 6-80　1971—2010 年寒露节气平均降水量(单位:mm)

(2)精神调养也不容忽视,由于气候渐冷,日照减少,风起叶落,时常在一些人心中引起凄凉之感,出现情绪不稳,易于伤感的忧郁心情。因此,保持良好的心态,因势利导,宣泄积郁之情,培养乐观豁达之心也是养生保健不可缺少的内容。

(3)气温降得快是寒露节气的一个特点。一场较强的冷空气带来的秋风、秋雨过后,温度下降8℃、10℃已较常见,寒潮天气时有发生。

(4)10月的气温下降明显,每当遇到秋雨,空气中丰沛的水汽很快达到饱和,有时出现雨雾混合或者雨后大雾的情况,严重影响交通运输和交通安全。

(5)由于受到高压控制,大气层结稳定,在连日无风的情况下,聚集在城市中的汽车尾气和工厂排出废气、粉尘不容易扩散,也会形成烟霾天气。

6.4.18　霜降

公历10月23日或24日,视太阳运行到黄经210°时为霜降节气。当天气转冷,水汽凝结成霜时,人们常说下霜了,古诗中有这样的描述如"萧萧霜飞常十月""月落乌啼霜满天",以上种种对霜的形容,都描述成霜从天上飞降而来。古人也是这样认为,因此才有了"霜降"名称的由来。其实,霜并不是从天上下来的,而是近地面层水汽遇到0℃以下的物体表面发生凝华形成的。霜降节气意味着天气转冷,露水凝结成霜,开始见霜的意思,它是表征气温发生明显变化的一个节气。不过霜降结霜反映的仅是我国黄河流域的气候特征,对于黑龙江省来说,此时早过了秋季初霜的日期。而到了霜降节气,黑龙江省自北向南开始冰冻大地,雨雪交加,天气转寒,已经能看到冬天的身影,因此,黑龙江省有"寒露不算冷,霜降变了天"的说法。

6.4.18.1　气温

平常年份,霜降节气内,全省平均气温首次降至零下,为−0.6℃,其中北部地区在−(3~10)℃,南部地区0℃左右(图6-81);最高气温南北部差异拉大,北部地区在4~6℃,南部地区还在11~14℃;最低气温北部地区已普遍降至−10℃以下,一般在−(10~13)℃,南部地区也达到−5℃左右。

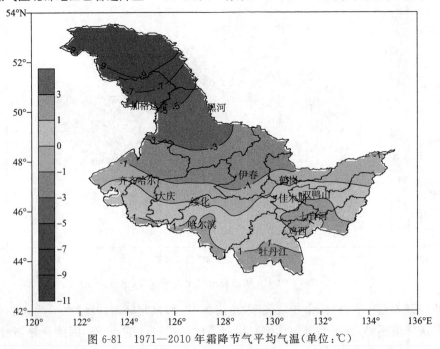

图6-81　1971—2010年霜降节气平均气温(单位:℃)

从年代际变化情况来看(图 6-82),平均气温随年代延续的变化趋势是稳步增温。21 世纪前10 a平均气温比 20 世纪 70 年代上升了 2.3℃,近 40 a 平均气温约上升了 2.9℃(表 6-16)。就全省平均而言,寒露节气平均气温最高的 3 个年份分别为 2005 年、1990 年、1995 年,最低的 3 个年份分别为 1976 年、1981 年、1972 年。

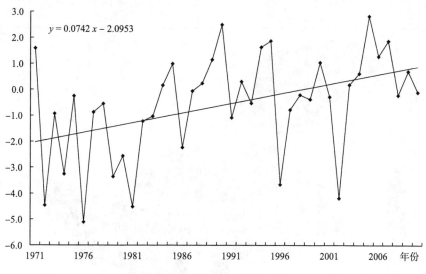

图 6-82　1971—2010 年霜降节气全省平均气温时间序列(单位:℃)

表 6-16　霜降节气平均气温年代际变化(单位:℃)

年代	1971—1980	1981—1990	1991—2000	2001—2010	1971—2000	1981—2010	1971—2010
平均气温	−2.0	−0.4	−0.2	0.3	−0.9	−0.1	−0.6

近 40 a(1971—2010 年),霜降节气平均气温全省各地均呈上升趋势,增温明显的区域在大兴安岭、黑河、伊春北部,增温速率为 0.09～0.11℃/10 a,40 a 上升了 0.4℃左右(图 6-83)。

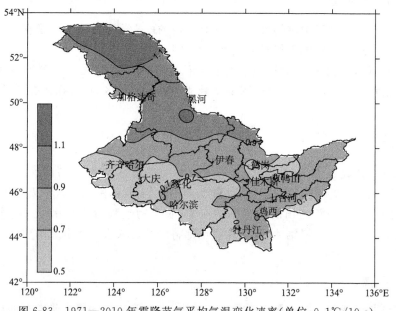

图 6-83　1971—2010 年霜降节气平均气温变化速率(单位:0.1℃/10 a)

6.4.18.2 降水

本节气的降水量又有所减少,正常年份,龙江大地从南到北,节气内的年平均降水量大部分地区不足 10 mm,只有哈尔滨东部、双鸭山东部、佳木斯东部、鸡西东部,牡丹江中部降水量还可超过 10 mm(图 6-84)。

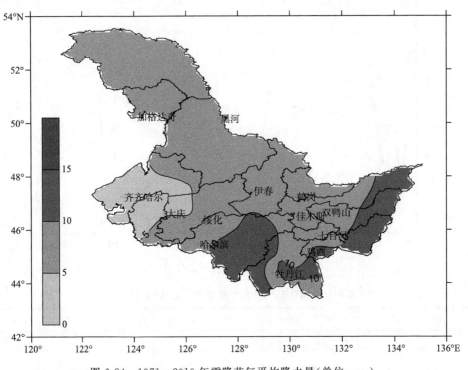

图 6-84 1971—2010 年霜降节气平均降水量(单位:mm)

6.4.18.3 服务重点

(1)由于此季节仍处于雨雪转换季节,此时出现的雨夹雪或纯雪由于都存在路面冻融循环的问题,因此要特别提防降水天气对交通的不利影响。

(2)霜降时节,农民的收获时期基本趋于结束,此期间农民朋友可抓紧冰封大地之前的宝贵时间,进行粮食的脱粒和籽粒晾晒,需要秋翻地和整地的地区,也要抓住有利天气时机,抢在封地之前进行。

6.4.19 立冬

公历 11 月 7 日或 8 日,视太阳运行到黄经 225°时为立冬节气。"立冬"单从字面上可以理解为:"立,始建也;冬,终了也,万物开始收藏也。"习惯上,我国民间把这一天当作冬季的开始。冬作为终了之意,是指一年的田间的劳作结束了,农作物收割后要收藏起来的意思。立冬一过,我国黄河中下游地区即将结冰,各地农民也都将陆续转入农田水利基本建设和积肥等其他冬季农事活动中。

6.4.19.1 气温

立冬时节,北半球获得的太阳辐射量越来越少,由于此时地表夏半年贮存的热量还有一定的剩余,所以一般还不太冷。但是,这时北方冷空气也已具有较强的势力,常频频南侵,有时形成大风、降温并伴有雨雪的寒潮天气。但人们对降温习以为常,从 10 月下旬开始,先后开始供暖,人们好在还有一个避寒之地。

平常年份,立冬节气内,全省平均气温为−7.0℃,其中北部地区平均为−(10～18)℃,南部地区多在−(5～7)℃(图 6-85);最高气温北部地区在−(4～7)℃,南部地区也降至 0℃上下;最低气温北部地区平均已达−17.6℃,一般年份都可出现低至−20℃的天气,南部地区最低气温还大都在−(10～13)℃,可见,黑龙江省由于纬度跨度大,冬季的南北温度差异更加明显。

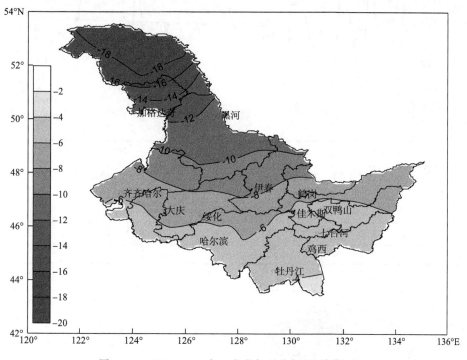

图 6-85　1971—2010 年立冬节气平均气温(单位:℃)

从年代际变化情况来看(图 6-86),平均气温随年代延续的变化趋势是准增温。20 世纪 80 年代气温最低,21 世纪前 10 a 平均气温比 20 世纪 70 年代只上升了 0.6℃(表 6-17),近 40 a 平均气温升高不显著。就全省平均而言,立冬节气平均气温最高的 3 个年份分别为 2001 年、2004 年、1971 年,最低的 3 个年份分别为 2002 年、1979 年、1976 年。

近 40 a(1971—2010 年),立冬节气平均气温北部呈上升趋势,但增温普遍不显著,东南部个别地区气温还略有下降(图 6-87)。

6.4.19.2　降水

本节气的降水性质全部转为降雪,降水量进一步减少,空气一般渐趋干燥,节气内的平均降雪基本都在 4 mm 左右,但若以东西划分,东部地区的雪量多于西部(图 6-88)。

6.4.19.3　服务重点

(1)从气候的角度来说,早在立冬之前黑龙江省自北向南都早已达到冬季的标准了,尽管如此,到了"立冬"以后,随着温度进一步降低,江河逐步结冰,此时要做好封江预报。

（2）供暖期来临，看天烧火，节约能源，清洁大气，此时开始一直到供暖期结束，供暖指数预报对改善城市环境很有意义。

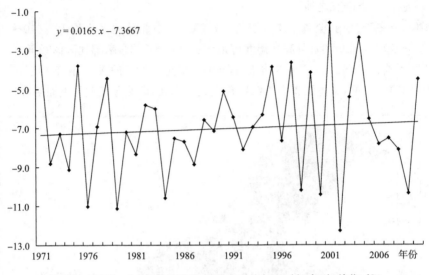

图 6-86　1971—2010 年立冬节气全省平均气温时间序列（单位：℃）

表 6-17　立冬节气平均气温年代际变化（单位：℃）

年代	1971—1980	1981—1990	1991—2000	2001—2010	1971—2000	1981—2010	1971—2010
平均气温	−7.3	−7.4	−6.8	−6.7	−7.2	−6.9	−7.0

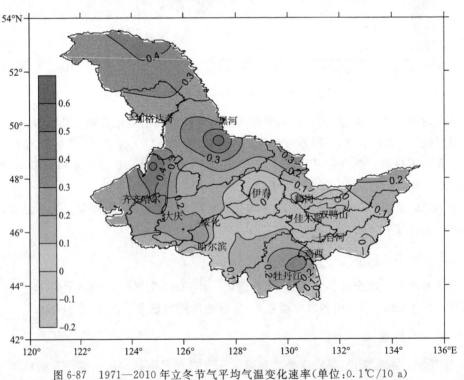

图 6-87　1971—2010 年立冬节气平均气温变化速率（单位：0.1℃/10 a）

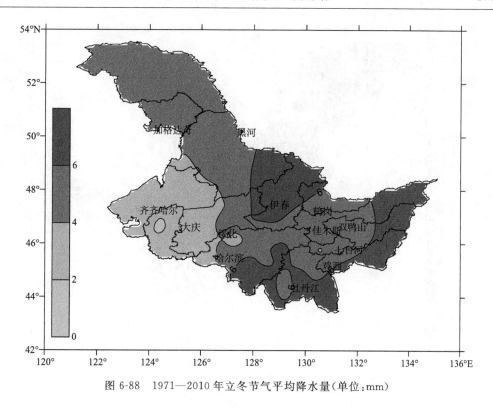

图 6-88　1971—2010 年立冬节气平均降水量(单位:mm)

6.4.20　小雪

公历 11 月 22 日或 23 日,视太阳运行到黄经 240°时为小雪节气。此时因气温急剧下降,在二十四节气的"老家"黄河流域一带已开始出现降雪,但还不到大雪纷飞的时节,所以叫"小雪"。这时节,由于气温降低,降水性质为雪,不再下雨了,雨虹也就看不见了,又由于天空中的阳气上升,大地的阴气下降,导致天地不通,阴阳不交,所以万物失去生机,天地闭塞而转入更加寒冷的季节。此时黑龙江省,已进入封冻季节。"荷尽已无擎雨盖,菊残犹有傲霜枝",这时已呈初冬景象。

6.4.20.1　气温

平常年份,小雪节气内,全省平均气温已达 −12.5℃,其中北部地区平均已降至 −(17~24)℃,南部地区一般在 −15℃以上(图 6-89);最高气温北部地区一般在 −(10~13)℃,南部地区还在 −(5~8)℃;最低气温全省平均已达 −17.4℃,其中北部地区平均在 −(22~24)℃变动,有时会出现 −(25~30)℃的低温天气,南部地区虽然多在 −(15~17)℃,但有时也可达到 −20℃。

从年代际变化情况来看(图 6-90),20 世纪 80 年代气温最高,但各年代气温相差不大,21 世纪前 10 a 平均气温比 20 世纪 70 年代只上升了 0.6℃(表 6-18),近 40 a 平均气温升高不显著。就全省平均而言,小雪节气平均气温最高的 3 个年份分别为 1990 年、2004 年、1991 年,最低的 3 个年份分别为 1987 年、1998 年、2000 年。

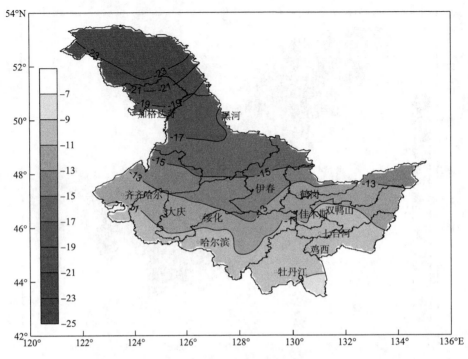

图 6-89　1971—2010 年小雪节气平均气温(单位:℃)

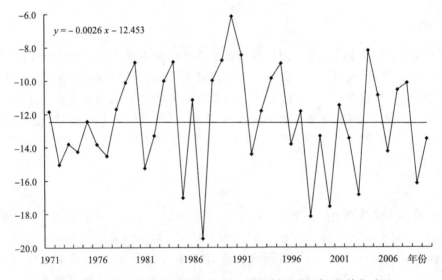

图 6-90　1971—2010 年小雪节气全省平均气温时间序列(单位:℃)

表 6-18　小雪节气平均气温年代际变化(单位:℃)

年代	1971—1980	1981—1990	1991—2000	2001—2010	1971—2000	1981—2010	1971—2010
平均气温	−12.6	−12.0	−12.8	−12.6	−12.5	−12.5	−12.5

　　近 40 a(1971—2010 年),小雪节气平均气温没有明显上升的区域,也没有明显下降的区域(图 6-91),说明在气候变暖的大背景下,黑龙江省小雪节气的平均气温没有随着升高,寒冷程度没有减轻。

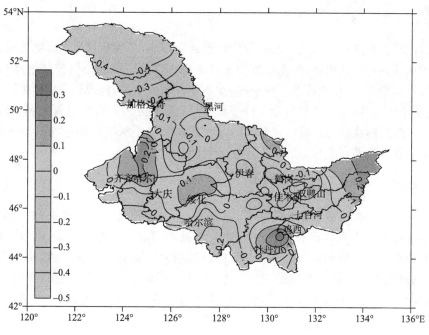

图 6-91　1971—2010 年小雪节气平均气温变化速率(单位:0.1℃/10 a)

6.4.20.2　降水

小雪节气,全省的降水量普遍较少,其中北部和东部地区在 3～5 mm,西南部地区在 1～3 mm(图 6-92)。

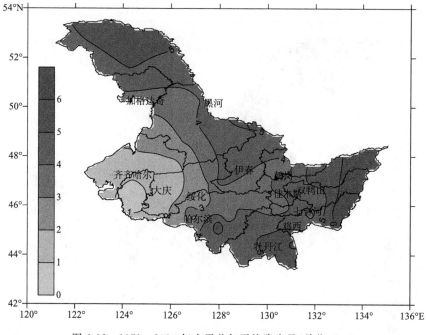

图 6-92　1971—2010 年小雪节气平均降水量(单位:mm)

6.4.20.3 服务重点

（1）小雪节气，东亚地区已建立起比较稳定的经向环流，西伯利亚地区常有低压或低槽，东移时会有大规模的冷空气南下，黑龙江省会出现大范围降温天气。小雪节气是寒潮和强冷空气活动频数较高的节气，棚室蔬菜极易受冻，如不及时采取措施，将遭受一定损失。

（2）到了小雪节气，各地不但气温下降明显，地面温度也直线下降，北部地区的冻土深度可达 0.5～1 m，而南部地区的土壤也逐渐冻结，到节气末，冻土深度也能达到 0.5 m 左右，所以冰封大地基本在这个节气完成，正所谓：小雪地封严。

6.4.21 大雪

公历 12 月 7 日前后，视太阳运行到黄经 255°时为大雪节气。顾名思义，意思是说本节气后降雪开始大起来。古人解释说："大者，盛也。至此而雪盛矣。"意思是说，本节气以后，下大雪的日子开始多起来。我国幅员辽阔，南北气候差异很大，虽然地处塞外的黑龙江省早在"大雪"之前就已呈现出迷人的冬季雪景，我国黄河流域一带却此时才渐有积雪，再向南至江南一带，雪花甚是少见，但由于温度显著下降，常在这个节气后出现冰冻现象。"大雪冬至后，篮装水不漏"就是这个时节的真实写照。

6.4.21.1 气温

一般年份，黑龙江省本节气气温继续呈下降趋势，节气内的全省平均气温已达－16.7℃，其中北部地区可达－25℃以下，南部地区也在－（15～17）℃（图 6-93）；最高气温北部地区已降至－（15～17）℃，南部则仍在－10℃上下变动；最低气温全省已普遍低于－20℃，其中北部地区平均已在－（26～29）℃，南部地区也在－（20～22）℃。

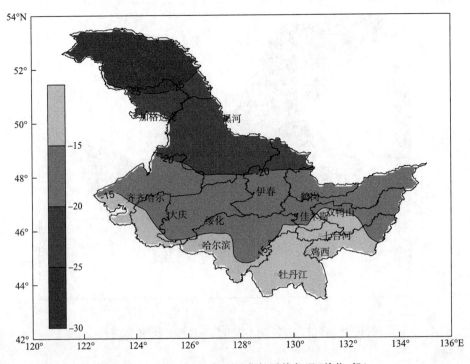

图 6-93　1971—2010 年大雪节气平均气温（单位：℃）

　　和小雪节气相似,近 40 a 大雪节气气温升高不显著(图 6-94),各年代气温相差不大,21 世纪前 10 a 平均气温比 20 世纪 70 年代只上升了 0.5℃(表 6-19)。就全省平均而言,大雪节气平均气温最高的 3 个年份分别为 1990 年、1979 年、1986 年,最低的 3 个年份分别为 1985 年、2010 年、1972 年。

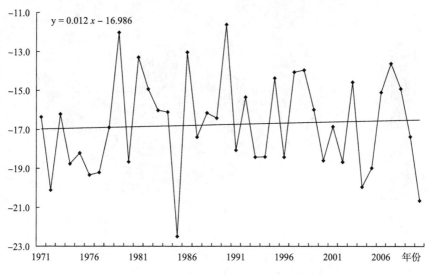

图 6-94　1971—2010 年大雪节气全省平均气温时间序列(单位:℃)

表 6-19　大雪节气平均气温年代际变化(单位:℃)

年代	1971—1980	1981—1990	1991—2000	2001—2010	1971—2000	1981—2010	1971—2010
平均气温	−17.6	−15.7	−16.6	−17.1	−16.6	−16.5	−16.7

　　近 40 a(1971—2010 年),大雪节气平均气温北部、西南部、中东部气温略有下降,但下降趋势不显著,其他区域平均气温略有上升,但上升趋势也不显著(图 6-95)。在气候变暖的大背景下,黑龙江省大雪节气的平均气温没有随着升高,寒冷程度没有减轻。

6.4.21.2　降水

　　与节气相一致的是降雪量比上一节气略增多。大部分地方平常年份都可出现 3～5 mm 的降雪,其中北部和东部地区历年平均降雪量可达 4～6 mm(图 6-96)。当然,这是常年的平均状况,每年的天气各不相同,"大雪"时节,急欲飘飞的雪花还需低气压相助。有些年份,大雪节气也难以见到纷飞的大雪。

6.4.21.3　服务重点

　　(1)我国有句农谚:"大雪冬至雪花飞,搞好副业多积肥。"人们盼望着在大雪节气看到"瑞雪兆丰年"的好兆头,广大农村也正充分利用这段难得的农闲时间积肥、搞副业,为美好的明天而忙碌。此时要注意牲畜防冻保暖。

　　(2)天气寒冷,供暖燃煤增加,遇高压天气,早晚逆温时,城区易出现烟霾天气,也极易发生一氧化碳中毒事件。

　　(3)冰雪旅游渐入高峰,做好冰雪旅游天气预报。

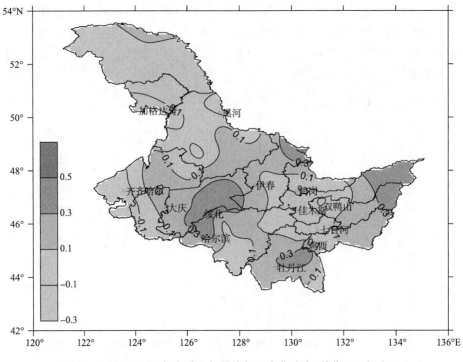

图 6-95　1971—2010 年大雪节气平均气温变化速率(单位:0.1℃/10 a)

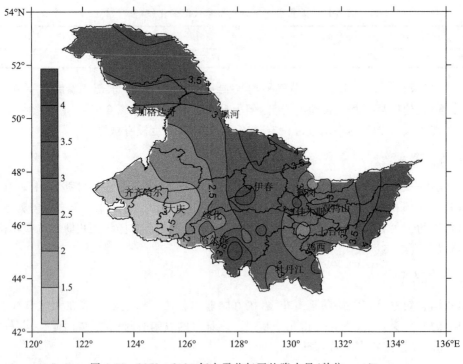

图 6-96　1971—2010 年大雪节气平均降水量(单位:mm)

6.4.22　冬至

公历 12 月 21 日或 22 日,视太阳运行到黄经 270°时为冬至节气。这一天太阳直射南回归线,在北半球太阳的辐射量和日照时数达到最低点。另外,这时北半球的白昼最短,夜晚最长,故又称它为日短至。冬至是一个非常重要的节气,与夏至一样是阴阳转折时期,阴极而生阳,"冬至四十五日,阳气微上,阴气微下",意思是说,从这一天以后到立春的 45 d,阳气逐渐上升,阴气逐渐下降,白昼渐渐变长,夜晚渐渐变短。

6.4.22.1　气温

平常年份,冬至节气内,全省平均气温已达−18.8℃,其中北部地区平均已降至−(25～30)℃,南部地区一般也在−(17～20)℃(图 6-97);最高气温北部地区一般在−(17～19)℃,南部地区也达到−(12～14)℃;最低气温全省平均已达−24.4℃,其中北部地区平均已达−30℃,说明本节气黑龙江省北部的最低气温基本徘徊在−30℃左右,虽然还不是全年最冷的时节,可零下 30℃ 的奇寒天气已如同"家常便饭",南部地区虽然要暖一些,最低气温也在−(22～24)℃,有时可达−25℃。

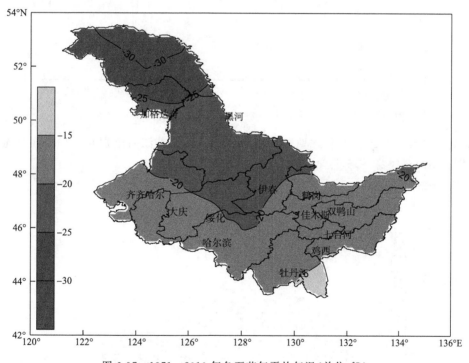

图 6-97　1971—2010 年冬至节气平均气温(单位:℃)

夏至数伏,冬至数九。到了冬至,虽然太阳的辐射量最少,日照时数最短,但是反映到空气温度下降,还要推迟一段时间。各地从本节气进入数九寒天,虽然其后白昼在增长,阳气渐升,但反映在气候上,人们还体验不到这一点,因为上升到极点的阴气使气温下降的威力此时仍未达到极限,真正阳气上升还要待到立春前后。

表 6-20　冬至节气平均气温年代际变化(单位:℃)

年代	1971—1980	1981—1990	1991—2000	2001—2010	1971—2000	1981—2010	1971—2010
平均气温	−19.7	−19.2	−18.5	−17.6	−19.2	−18.5	−18.8

从年代际变化情况来看(图6-98),与小雪和大雪节气不同,平均气温随年代延续的变化趋势是稳步升温,近 40 a 全省平均气温升高了 2.2℃左右(表 6-20)。就全省平均而言,冬至节气平均气温最高的 3 个年份都分布在 21 世纪,分别为 2003 年、2006 年、2007 年,最低的 3 个年份分别为 1976 年、2000 年、2009 年。

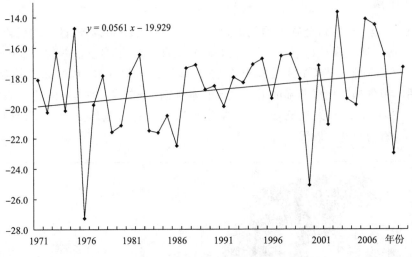

图 6-98　1971—2010 年冬至节气全省平均气温时间序列(单位:℃)

近 40 a(1971—2010 年),佳木斯东部、双鸭山东部、牡丹江的个别县(市)升温明显,伊春北部个别县市气温略有下降(图 6-99)。

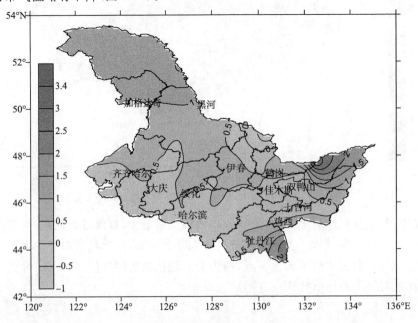

图 6-99　1971—2010 年冬至节气平均气温变化速率(单位:0.1℃/10 a)

6.4.22.2　降水

冬至节气,各地降雪东多西少,东部、北部地区在 3～5 mm,西南部地区在 1～3 mm(图 6-100)。

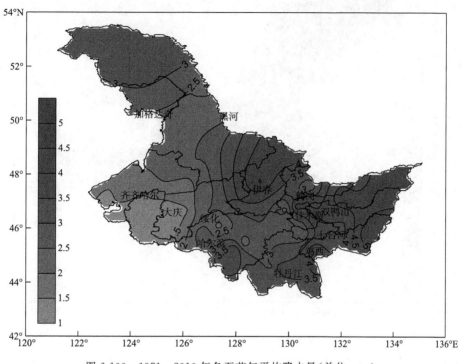

图 6-100　1971—2010 年冬至节气平均降水量(单位:mm)

6.4.22.3　服务重点

每年 1 月 5 日是哈尔滨国际冰雪节,此时大量游客涌入哈尔滨来看冰灯、滑雪,做好冰雪旅游服务,是此节气服务重点。

6.4.23　小寒

公历 1 月 5 日或 6 日,视太阳运行到黄经 285°时为小寒节气。"小寒"从字面上理解,表示寒冷的程度还没有达到极限,意思是到了大寒才能冷到极限.但在实际的气象记录中,多年的气候统计结果却表明,小寒比大寒还要冷,可以说它是全年二十四节气中最冷的节气。民间有句谚语:小寒大寒,冷成冰团。说的就是这两个节气天气寒冷的情形。

小寒节气,东亚大槽发展得最为强大和稳定,蒙古冷高压和阿留申低压也达到最为强大且稳定,西风槽脊尺度达到最大,并配合最强的西风强度。小寒节气冷空气降温过程虽然频繁,但平常年份达到寒潮标准的并不多,因为降温的幅度在越是冷的时节越不容易达到。"小寒"节气,时值"三九"前后,黑龙江省有"三九四九,棒打不走"的说法。

6.4.23.1　气温

平常年份,这期间全省平均气温降至一年中的最低,可达-19.9℃(图 6-101),其中北部地区平均与上节气相差不多,南部地区在上一节气的基础上又降低了 1℃左右;最低气温全省平均已达−25.2℃,其中北部地区普遍在−30℃以下,节气内的极端最低气温北部可达−(40~45)℃,南部地区也可出现−30℃左右的寒冷天气。

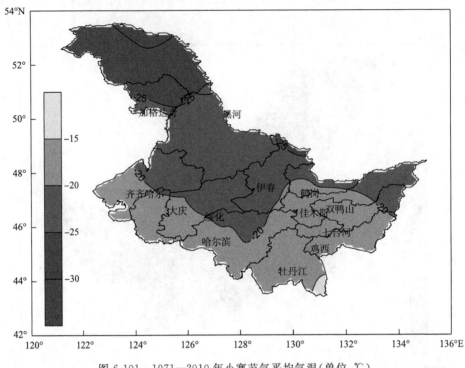

图 6-101　1971—2010 年小寒节气平均气温(单位:℃)

　　从年代际变化情况来看(图 6-102),平均气温随年代延续的变化趋势是稳步升温,21 世纪前 10 a 平均气温比 20 世纪 70 年代升高了 1.7℃(表 6-21)。就全省平均而言,小寒节气平均气温最高的 3 个年份分别为 2006 年、2001 年、1994 年,最低的 3 个年份分别为 1979 年、2000 年、1976 年。

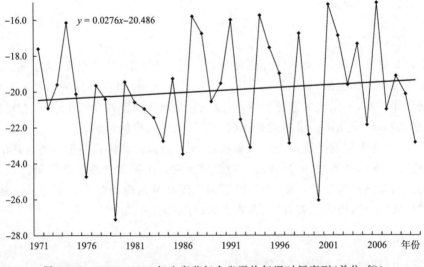

图 6-102　1971—2010 年小寒节气全省平均气温时间序列(单位:℃)

表 6-21　小寒节气平均气温年代际变化(单位:℃)

年代	1971—1980	1981—1990	1991—2000	2001—2010	1971—2000	1981—2010	1971—2010
平均气温	−20.6	−20.1	−20.1	−18.9	−20.3	−19.7	−19.9

近 40 a(1971—2010 年),小寒节气各地气温升降都不显著(图 6-103)。

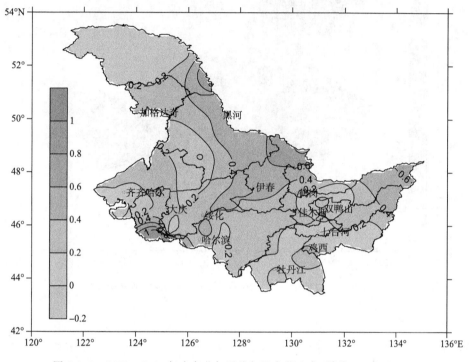

图 6-103　1971—2010 年小寒节气平均气温变化速率(单位:0.1℃/10 a)

6.4.23.2　降水

小寒节气,各地降雪仍不多,中部大部分地区在 1～2 mm。北部和东南部降雪略多,为 2～4 mm(图 6-104)。

6.4.23.3　服务重点

由于本节气主要的气候特点是天气严寒,风小,大气稳定,此时城市易出现大气逆温,早晚烟气下沉,影响能见度和空气质量。同时这样的天气条件下,不利于一氧化碳等有毒气体的散发,特别要注意预防煤气中毒。此节气重点要做好一氧化碳扩散潜势预报和极端低温预报。

6.4.24　大寒

公历 1 月 20 日或 21 日,视太阳运行到黄经 300°时为大寒节气。"大寒"是天气寒冷至极的意思,它是一年中的最后一个节气。虽然称之为大寒,但由于这期间正处于"冷尾",时令已经到了"四九"和"五九",民间有俗语说"五九到六九,穷人可伸手",预示着大寒节气的中后段天气的寒冷气息开始收敛了,因此,就节气的整体温度情况来说,全省各地的温度往往都比上一个节气有所回升。

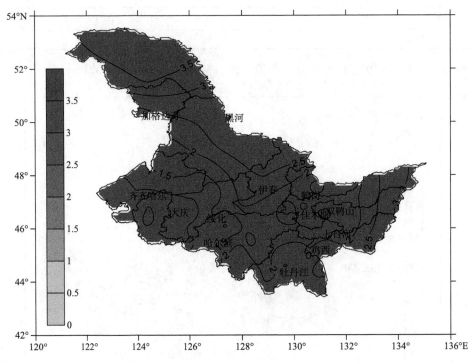

图 6-104　1971—2010 年小寒节气平均降水量(单位:mm)

6.4.24.1　气温

平常年份,大寒节气里,全省平均气温为-17.7℃(图 6-105),节气的寒冷程度仅次于小寒,但与小寒节气相比,仍上升了 2.2℃,其中北部地区在-(23～25)℃,南部地区在-(15～20)℃,均比上节气略有升高;最低气温北部地区仍普遍在-30℃以下,所以寒冷的气息仍然十分浓重,相比之下,南部地区可感觉到温度缓和的感觉,此时最低气温大部分地方都在-(23～25)℃;最高气温南北部的差异没有低温明显,基本在-(11～15)℃。

从年代际变化情况来看(图 6-106),平均气温随年代延续的变化趋势是稳步升温,21 世纪前 10 a 平均气温比 20 世纪 70 年代升高了 2.9℃(表 6-22)。就全省平均而言,大寒节气平均气温最高的 3 个年份分别为 2006 年、1982 年、2001 年,最低的 3 个年份分别为 1989 年、1976年、1977 年。

与小寒节气不同,近 40 a(1971—2010 年),大寒节气平均气温各地普遍上升,升温最明显的区域在大兴安岭,黑河西部、伊春北部 40 a 大约上升了 0.6℃(图 6-107)。

6.4.24.2　降水

大寒节气,各地降雪几乎是全年最少的时段,平常年份,西部地区节气内的总雪量都在 2 mm 之内,东部地区在 2～3 mm(图 6-108)。

6.4.24.3　服务重点

因大寒节气寒冷少雪,气候干燥是这个时节的主要天气特点。另外,要继续预防低温冻害。

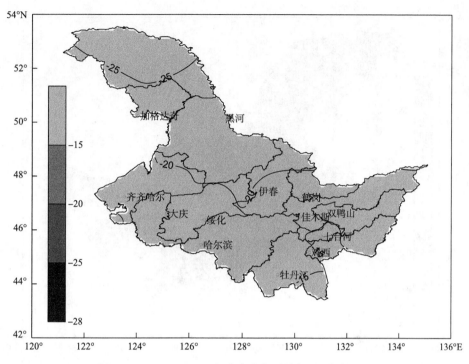

图 6-105　1971—2010 年大寒节气平均气温(单位:℃)

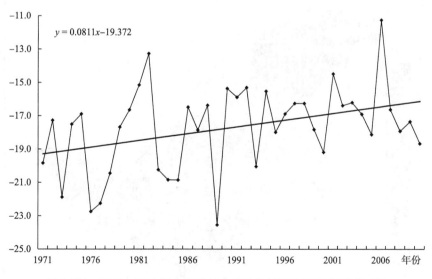

图 6-106　1971—2010 年大寒节气全省平均气温时间序列(单位:℃)

表 6-22　大寒节气平均气温年代际变化(单位:℃)

年代	1971—1980	1981—1990	1991—2000	2001—2010	1971—2000	1981—2010	1971—2010
平均气温	−19.3	−18.0	−17.1	−16.4	−18.1	−17.2	−17.7

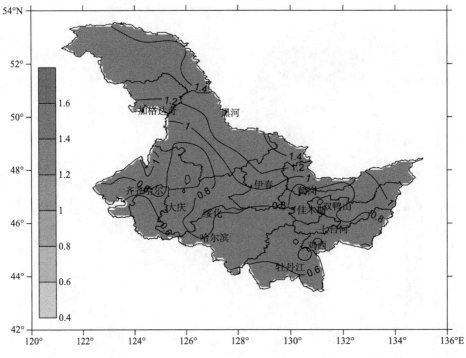

图 6-107　1971—2010 年大寒节气平均气温变化速率（单位：0.1℃/10 a）

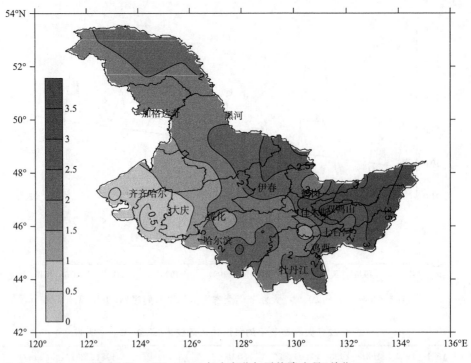

图 6-108　1971—2010 年大寒节气平均降水量（单位：mm）

6.5　　黑龙江省农业气象服务展望

　　农业是国民经济的基础。当前,黑龙江省正处在由传统农业向高产、优质、高效、生态、安全的现代农业加快转变的关键时期。现代农业的发展对气象为农业的服务与支持提出了更新更高的要求,迫切要求我们用现代科学技术开展面向农林牧渔各业的农业气象业务服务;要求针对现代农业的科学化、集约化、商品化和产业化,以增产增收、提高效益为目标,开展全方位、全程化的农业气象业务服务,提供有针对性的农业气象服务产品,以满足现代农业发展的新需求,为保障国家粮食安全做出贡献。

6.5.1　扩大农业气象服务范围

　　黑龙江省应积极扩大农业气象服务范围,促使其逐渐朝着业务化方向发展。积极开展动态农业气象产量预报及气象灾害监测等评估工作,关注农作物病虫害情况,为农作物高产稳产奠定坚实的基础;另外,要想促使气象服务发挥积极作用,还需要立足于现代农业产业发展实际情况,积极发展现代农业商品生产气象服务,例如:特色农产品生产等,为农业现代化建设提供支持。除此之外,还需要逐步开展林业、牧业等气象服务,推动其朝着业务化方向发展,并引进 GIS 技术,实现精细化农业发展目标。

6.5.2　开发面向专业用户的农业气象服务

　　面向农村种养大户、农村合作组织、农业龙头企业、农业保险部门等专业用户,因地制宜、发展特色农业、设施农业、林业、畜牧业、渔业生产过程,以及农产品储运、加工、销售等专业农业气象服务。充分考虑黑龙江省特色农业、设施农业、林业、畜牧业、渔业生产,以及农产品储运、加工、销售等过程中的农业气象服务需求,建立相应的农业气象服务技术体系,制定服务流程与技术规范。依托现代农业气象业务产品,进行满足专业用户需求的服务产品深加工。开发农业保险气象服务技术,建立政策性农业保险气象服务系统,制作农业保险气象服务产品,向专业用户提供全面、系统、精准的农业气象服务。

6.5.3　发展农业气象服务新技术

　　研发现代农业气象服务指标体系,建立和扩充农业气象服务数据库,建立适应农村农民用户需求的农业气象服务产品制作平台,开发制作精细化的农业气象服务产品。建立农业气象科普基地,开展农业气象科技知识的普及与技术咨询服务,提高农民利用气象信息安排农业生产活动和防御灾害能力。依托公共气象信息发布平台,综合运用计算机、卫星通信、多媒体等技术手段,建立覆盖城乡社区、立体化的农业气象服务信息发布系统,解决农业气象信息发布的"最后一公里"问题。根据农作物的特色和当地的需求,扩大农业气象观测品种,丰富情报服务内容,扩大服务领域,提高服务时效,并加强其特色农业与精准农业、设施农业的气象科研与应用服务能力的结合,为区域经济及社会效益、环境效益提供及时、可靠的第一手决策依据,为农业发展提供有力保障。

6.5.4　提高农业气象灾害综合防灾减灾能力

黑龙江省农业气象灾害、生物灾害、地质和农业环境灾害的发生与气象、气候条件密切相关，因此，积极开展干旱、霜冻、冰雹、暴雨等气象灾害的监测、预测、预警服务，实现与气候密切相关的农业灾害的灾前预警服务、灾中跟踪服务以及灾后评估减灾控制，能够提高农业生产抵御自然灾害的能力。同时，还应制定科学的减灾计划，从而加强防灾减灾相关建设，除此之外，还需要加强对农民灾害风险意识教育工作，开展全面、完善、有针对性的气象预报服务。另外，还要积极开拓农业产量气象预报的新途径，在加强遥感监测的基础理论研究的条件下，大力开展气象卫星遥感监测和估产技术的研究；扩展新的监测对象（如地温、土壤湿度、洪涝、干旱、森林火灾和大面积虫害等）和估产作物（如小麦、玉米、大豆等更多的作物），进一步促进农业气象学科的发展。

第7章　其他专业气象服务介绍

7.1　农业保险气象服务

农业是受气象条件影响最大的行业。气象灾害是影响农作物产量稳定、造成农业生产损失的主要自然因素。由于极端天气气候事件频繁发生、气象灾害造成的农业损失居高不下,农业一直是高风险的行业。

黑龙江是农业大省,耕地面积和人均耕地占有量均居全国首位,2010 年全省土地规模经营面积达到 6573 万亩,农村土地流转面积达到 3263 万亩,畜牧业规模化养殖比重达到 68%。因此,农业保险越来越被农民所接受,农业保险是防范和化解农业风险、减轻农业气象灾害影响、避免农民因灾返贫的重要措施和有效途径。而保险行业对气象服务的需求也逐年增大。

减轻气象灾害影响就可以减轻农业损失、提高农业保险的盈利能力;同时对气象灾害影响的客观定量评估既可以提高农业保险的客观公正性,也乐意减少保险运营成本。因此,在农业保险中充分利用气象信息技术,开展农业保险气象服务,具有重要意义。

在气象灾害评估基础上开展保险勘灾定损可以大大降低保险公司的成本、提高效率,有利于提高农业保险公司的盈利能力。

在保险理赔中运用气象评估数据使保险赔付相对客观公正,能提高农业保险信息的透明度,可以避免农业保险中普遍存在的道德风险和逆向选择问题,消除由于农民自身原因导致的产量和收入减少而造成超责任索赔的现象。

科学及时的气象服务可以大大提高农业保险的客观公正性和盈利能力,有效促进农业保险的发展。

目前气象部门可为保险公司、参保对象提供的服务产品有:年预报、季预报、月预报、旬预报、周预报、1~3 d 预报、短时预报等。还有涉及重大天气预报预警有暴雨、暴雪、大风、冰雹、霜冻等。目的就是让农民可以及时采取适当的措施减轻气象灾害损失。

在气象产品发布渠道上可采用多方式并举进行,如气象预警短信、气象网站网络、电视、专门的气象服务材料、微博微信等,实现信息共享。

7.2　建筑气象服务

因黑龙江地处北方,冬季气候寒冷,土壤结冻,一般建筑施工会于 12 月至次年的 3 月停止,因此,气象信息、天气预报对建筑施工的主要生产环节具有很好的使用价值,正确使用气象服务产品,采取有效的防范措施,对建筑施工经济效益将产生减损正效益。

如下列举建筑施工过程中的 3 个主要生产环节,分析每个环节气象条件对生产的影响。

（1）土方与基坑工程

中长期天气预报对该工程生产环节有重要的指导意义，可避开冻雪期和雨季，减少相应成本较高的防冻、防雨措施以降低工程施工成本。短期天气预报对采取相应措施，减少损失，进而节省成本有积极作用。

（2）地基基础工程

雨季桩机施工，易产生移桩及施打质量等问题，可根据未来1～3 d天气预报、短时天气预警采取合理的防范措施，从而节省建筑成本。

（3）屋面及建筑装饰装修工程

可通过短期天气预报，当对屋面、粉刷楼体等进行施工时，雨天及5级以上大风时不得施工，从而节省当施工中途下雨时采取遮盖措施而产生的防水布、浪费涂料等的费用。

7.3　烟草气象服务

烟草产业一直是国民经济的重要组成部分，在满足社会消费需求和增加国家及地方财政收入方面具有非常重要的地位。近年来，由于全球气候变暖及特有的地形等因素作用，极端天气气候事件和频繁发生的寒潮、低温、冻害、冰雹、雷雨大风等气象灾害对烤烟生产的影响日趋严重，因此，如何科学有效地预防和减少气象灾害对烟叶的生产造成的危害，对提升整个烟草行业的经济效益有着重要作用。

目前，为烟草行业主要提供的气象服务主要包括以下几个方面。

（1）提供烟草种植区域气象信息

气象信息主要分为：预报、实况数据及气候影响评价三类。其中预报包括：每周一、三、五滚动发布未来7天预报、旬预报、月预报、季预报、年预报。实况数据是针对主要的烟草种植区分析、计算每年3—10月的气温、降水、日照及初终霜日期。气候影响评价包括：月气候影响评价、季气候影响评价、年气候影响评价等。

（2）在烤烟生长关键环节提供预报服务

可在烤烟的生长关键环节（育苗期、移栽期、旺长期、成熟期）根据烟叶公司要求进行重点预报。

（3）灾害性天气预报预警

当种植烟草的重要县（市）有冰雹、大风、短时强降水、暴雨、洪涝、干旱等灾害性天气出现时，提供预警预报及减灾措施等信息给有关人员。

7.4　媒体气象服务

随着网络技术的高速发展，公众气象服务所搭载的平台也日益丰富。除了通过电视、电话、广播、手机短信等传统渠道传播气象信息外，目前，新媒体气象服务主要依托微博、微信、手机APP、新闻客户端等方式来开展。

7.4.1　传统媒体

传统媒体具体是指广播、电视、报纸、短信以及近年来开始普及的互联网。这些传统媒体历史悠久、覆盖人群范围广,有利于大面积地向公众发布相关信息,如中央电视台的天气预报栏目多年来为社会公众提供了一个固定的获取气象信息的渠道,极大地方便了广大公众的出行与生产安排。随着互联网技术的日益普及,人们通过互联网终端获取气象信息亦成为一种新的方式,这种方式规避了传统模式中定时定点获取信息的不便之处,只需借助 PC 终端,即可获得信息。

黑龙江省气象服务中心与黑龙江省龙广交通台建立长期合作关系,为其提供包括全省短期天气预报、哈尔滨市短期天气预报及哈大、哈黑、哈伊、哈同、哈牡、鹤大等高速公路预报以及全省交通天气提示信息在内的综合交通气象服务产品、各类预警信息、短时预警天气等。这些服务产品分别通过专业网站的超级用户端、短信、微信等不同形式传递发送给广播电台,再通过电波播报给群众,为大家的出行提供参考依据。

自 2016 年始,黑龙江省气象服务中心专业服务科与龙广交通台加强了交通气象广播节目的合作,不但对原有的每日交通天气预报、应急交通天气直播连线等节目提出了更高质量的要求,还设立了新的合作项目——黑龙江省一周交通天气走势,在每周一早上通过直播连线向听众介绍黑龙江省未来一周的天气形势和出行提示,拉近了气象与百姓的距离,为群众生活提供了便捷的服务和建议,节目播出以来得到了广大听众的热烈反应和一致好评,获得了很好的社会效应。

7.4.2　新媒体

近年来,随着智能手机的普及和互联网技术的发展,以微博、微信和手机 APP 为代表的新媒体正在兴起。如今对于公众来说,在任何场地,通过一部联网的手机,就可以通过微博、微信、APP 等多种方式查询气象服务信息,丰富了公众获取气象信息的途径,扩大了公众气象服务的覆盖面,也极大提高了公众气象服务的效率,对于防灾减灾有着重要意义。

7.4.2.1　气象微博

利用微博传播气象信息,除了可发布简短的文字信息外,还可以发布静态或动态图片、视频、音频等多媒体信息,发布内容一般比较简短,适合重大天气过程的持续跟踪报道,具有短、平、快的优点。目前黑龙江省已开通“龙江气象”官方微博账号,利用微博平台发布天气预报、预警信号、天气实况、气象科普等信息,开展日常公众气象服务工作。

7.4.2.2　气象微信

气象部门现主要通过微信公众号开展气象服务。气象部门注册的微信公众号主要分为订阅号和服务号。由于微信公众号推送信息的限制,不能满足公众及时、随时掌握最新天气资讯的需求,气象部门可通过微信提供的接口开发菜单栏,给公众提供天气预报、天气实况和各类气象服务产品的查询功能,设置线上活动入口。还可调用用户通知接口,随时给用户发送预报、预警的文字信息。

7.4.2.3　天气 APP

天气 APP 的出现,为气象科技进步和精细化的预报提供了最全面的展示平台。国内公众目前使用的主流天气 APP 有“墨迹天气”“中国天气通”“彩云天气”“天气通”等。天气 APP 相对于其他的新媒体气象服务手段来说,明显的区别是跨越了地理限制,大部分的天气 APP 通常都支持全国各省各地区的天气查询,许多还能提供分钟级、公里级天气预报和中长期天气预报、空气质量预报、预警信息以及特色气象服务,帮助用户更好地做出生活决策。

7.5　城市交通气象服务

近年来,哈尔滨市的城市交通气象服务工作取得了长足的发展,已经具备了向有关部门提供专业气象服务产品的能力,促进了城市气象服务工作的全面发展和进步。但是,目前交通气象服务与城市快速发展之间存在的不适应问题正趋于明朗化,如何让现有的交通气象服务能力向更高水平发展仍是我们需要深思的问题。

首先,目前的城市交通气象服务必须要超越常规的气象服务的层次,融合城市交通、城市建设、市民出行等多种因素,向更加全面的方向发展,要体现一种拓宽了领域的气象服务观。其次,新的交通气象服务作为拓展气象服务领域,开展有针对性气象服务的一个重要措施,应是运用了各种先进技术手段和相关的气象资源开展更有针对性的服务。它可以在气象原因引发的交通事故出现之前,使气象部门做出快速反应,及时向政府和有关部门发布相关相应的气象服务预警信息,报告可能发生交通问题的时间、区域、强度等,并迅速调动气象探测和气象数据收集分发工具,监视其发展,为交通相关部门提供有效的交通气象服务。

目前,交通堵塞和拥挤是大多数城市最为突出和普遍的问题。即使提前已做出有效预报,降水量并不大,仍会使城市交通陷于堵塞,这是由于气象和城市管理两方面因素的作用和影响形成的。这就要求我们预报服务人员在组织城市交通气象服务工作时,不仅要将气象服务看作是我们的任务,同时也要把交通管理作为交通气象服务工作的一部分来考虑,在做好气象服务产品制作和发布的同时,把城市减灾紧密结合起来,从而有效降低因天气原因而产生的城市交通问题。

另外,随着城市交通设施建设的快速发展,城市交通状况气象服务对路面的气象条件的依赖性越来越大,路面监测仍是城市交通气象预警的主要技术手段,同时监测资料的积累对城市交通气象问题的理论研究有十分重要的意义。因此,加强路面自动气象监测系统尤为重要,应逐步建立路面气象数据实时采集、自动分析和自动预警能力的城市交通气象服务系统。

加强气象服务信息发布的手段也可以有效加强城市减灾的能力,可以与有关部门合作,改进交通信息发布的方式,在重要路段建立气象信息电子显示屏,通过广播、微博、公众号、APP等现代通信手段,及时发布气象信息,以便在最短时间内,最大程度地通知到人群,缓解因天气而对城市交通造成的影响。

参考文献

代娟,崔新强,刘文清,等,2016.高速铁路气象灾害风险分析与区划方法探讨[J].灾害学,**31**(4):33-36.

郭春燕,2015.内蒙古公路交通气象灾害及服务分析实践[J].内蒙古气象,**3**:39-43.

康延臻,王式功,杨旭,等,2016.高速公路交通气象监测预报服务研究进展[J].干旱气象,**34**(4):591-603.

刘赫男,张洪玲,朱红蕊,等,2014.黑龙江省电线积冰的气候特征及电网冰区划分[J].冰川冻土,**36**(3):555-562.

刘洋,柳贡强,张德文,等,2013.黑龙江省电网架空输电线路舞动分布研究[J].黑龙江电力,**35**(4):338-340.

王建,2016.输电线路气象灾害风险分析与预警方法研究[D].重庆:重庆大学电气工程学院:1-119.

王玉玺,刘玉莲,刘先昌,2001.松花江流域流凌分析及预报自动化系统[J].黑龙江气象,**5**:220-222.

王志,韩焱红,李蔼恂,2017.我国公路交通气象研究与业务进展[J].气象科技进展,(1):85-89.

吴凤珠,姜建萍,罗凤兰,2015.农业保险气象服务探讨[J].农业与技术,**35**(2):192.

谢静芳,马吉伟,刘野军,等,2016.基于影响和应对的铁路交通气象服务指标及应用[J].气象灾害防御,**24**(4):42-45.

闫敏慧,闫雍,胡晓径,2003.2002年松花江流凌日期偏早的原因分析[J].黑龙江气象,**4**:31-32.

闫敏慧,许秀红,矫玲玲,等,2008.黑龙江省道路交通事故与气象条件分析[J].黑龙江气象,**25**(4):36-38.

杨林,周信禹,吴德辉,等,2009.福建省建筑行业气象服务经济效益减损评估法研究[C].第26届中国气象学会年会气象灾害与社会和谐分会场论文集.

杨卫东,2017.黑龙江省气象灾害防御技术手册[M].北京:气象出版社:2

袁正国,岳旭,雷桂莲,等,2016.基于Android平台的江西省烟草气象服务系统的设计及实现[J].安徽农业科学,**44**(13):283-286.

翟雅静,李兴华,2015.灾害性天气影响下的交通气象服务进展研究[J].灾害学,**30**(2):144-147.

张爱民,江春,2009.农业保险气象服务探讨[J].安徽农业科学,**37**(27):13303-13305.

张金满,贾俊妹,曲晓黎,等,2014.河北省公路交通气象灾害的风险普查结果与防范对策[J].广东气象,**36**(4):53-56.